# 戴着镣铐的舞蹈

医院设计随想

谷建 著

# Dancing in Chains

Thoughts about
Healthcare Design

机械工业出版社
CHINA MACHINE PRESS

一 位 建 筑 师 眼 中 的 医 院

感悟 | 思索 | 实践

# 序 1
# Preface 1

庄惟敏　|　WM Zhuang

庄惟敏

全国工程勘察设计大师
中国建筑学会副理事长
国际建协职业实践委员会联席主席 UIA-PPC
APEC 建筑师中央理事会轮值秘书长
清华大学建筑学院院长
清华大学建筑设计研究院院长、总建筑师

我的早年毕业的硕士研究生、中国中元国际工程有限公司总建筑师、医疗建筑设计研究院副院长谷建出书了！

当他电邮小样给我，并嘱我写序时，我甚为欣喜，因为毕业多年后谷建一直在建筑设计创作第一线，深耕于医疗建筑的设计研究，经历多年的厚积薄发，终于完成了他的这部专著，可喜可贺。

谷建早在 1986 年就读清华大学建筑学院硕士研究生之前，就进入中国中元从事建筑设计实践，工作的安排使他和医疗建筑结下不解之缘。三十多年的一线创作和二十多年医疗建筑的实践，使他深感学术理论的支撑是其建筑创作持续提高的关键所在，于是在设计工作的同时，在清华大学建筑学院在职攻读硕士学位，并完成了他的硕士学位论文，这使他在随后的创作和设计生涯中更多了一层理论的思考和科学方法论的掌控。从这本专著中也能看出作者将创作设计和理论思考的有益结合。

我注意到这本书的书名，作者将其写为《戴着镣铐的舞蹈：医院设计随想》，简单清晰明了，也表现出医院设计的复杂和不易。尽管作者本人在自序里阐释这不是一本关于医院建筑的系统性专著，但纵观全书，其内容汇集了作者多年来从事医院建筑设计和研究的第一手资料和素材，并论述了医院发展的历史沿革、医院设计的哲学思考、中国医院设计的发展解析以及医院设计系统中的重要节点的设计原则。从历史沿革的纵向线索，到医院建筑设计关键节点的横向展开，系统详尽地进行编排论述。作者拨开医院建筑繁杂的头绪，精准切入当今医院建筑设计关键点，并结合自身丰富案例加以佐证，以反八股的态度，突破一般科技专著的写作范式，以一种全新的姿态呈现给读者，这无疑是值得肯定的。书中提出的"科技是这个时代医院建筑最大的变数，因为它可以使医院内容更加多元、功能得以重构，并融合了服务、管理及建筑空间本身，这其中，大写的人是所有这些因素的公约数，这使得医院建筑设计变得更有意思，医院建筑也变得更有温度。"的论点也凸显出作者的人文情怀和思辨，也从另一个侧面反映了作者严谨的学术态度。

所以，我更愿意将它视作一本理论与实践相结合、设计介绍与思辨并举、言之有物并具有很强实用性的专业书籍。

作者从医院建筑最本质的问题出发，揭示其不同于其他类型建筑的理性的意义。随着人类社会的发展和科学技术的进步，特别是互联网＋时代的到来，医院建筑形制、治疗方式及手段等也经历了从 1.0 版到 4.0 版的演变，且进入了 4.0 时代的医院建筑其变化更具革命性。

作者敏锐地捕捉到当今科技发展给医院建筑带来的重大影响，并借助于对乐高和围棋的哲学思考，将医院建筑的理性、逻辑而又人文的特征和内涵分析得相当到位，特别是对中国当今医院建筑发展和特点的解析，对于我们今天在医院建筑繁杂的设计实践中抓住本质具有重要的启发和借鉴价值。

当今的医院建筑，其功能复合、回归城市是必然趋势，在从功能组成、空间模式、交通组织、人文品质等多方面需要打破固有的封闭思维，来个开放性的再学习。作者通过"为什么是交通枢纽、拜师学艺、最大的敌人是惯性思维、以用户之名、回归城市、功能矩阵的重构、集成的设计、人车分离和导视的数码语言"等九个看似无逻辑关联的小标题，对医院建筑设计进行了重点阐释，这是作者结合多年医院设计实践的经验性表达和传授，为专业设计人员和非专业的读者便捷地掌握和了解医院建筑设计要点做出了范式，对中国今天医院设计方法论的思考，也具有启发意义。

本书的第三部分，汇集了作者近些年来主持和参与的六个医院项目。作者对案例的分析论述，以及对项目设计全过程的图文并茂的呈现也是本书非常值得肯定的一个亮点。通过对六个医院项目全面而详尽的介绍，从项目场地分析、总图规划到空间概念生成，从单体建筑平面组合到流线设计，从医疗空间解析到细部构造处理，从满足运营的思考到使用维护的细节设计，给读者展现了一个医院建筑设计的完整过程，具有很强的资料性。

这是一部图文并茂、内容丰富、编排用心的专著，作者通过通俗明了的词句和精心的剪辑，将庞杂的医院建筑设计写得轻松而有趣、缜密而严谨。它既可以作为建筑专业设计师的学术参考，也可以作为科普的大众读本。

职业建筑师在繁忙的设计实践的同时还能潜心研究，撰写专著，实属不易。其研究成果值得称道，其执着研究的精神更加值得点"赞"。

谨以上述文字贺本书出版。

庄惟敏

2017 年 11 月于清华园

# 序 2
## Preface 2

尹汇文　｜　HW Yin

尹汇文

台湾永龄健康基金会执行长
台湾重症医学会副理事长

设计是一件有趣的事，但不是一件容易的事，医院设计更是复杂且专业性高，更何况要设计"明日医院"。

如老子《道德经》第 63 章所言，"天下难事必作于易，天下大事必作于细"，医院设计其中一项元素是诊断设计，在设计新瓶新酒的"明日医院"时，就像疾病的诊断与治疗，不可能完全一次性地除旧创新，必须遵循诊断设计的实证流程，才能保证医疗质量与安全。

传统以来，在医院建设以及设计规划，以人物志（Persona）情境设计是传统医疗建筑设计不常运用的方法，我们以 S.M.A.R.T 的思维来设计明日智慧医院，整合服务、管理、建筑、研究与科技的思考维度，以减法创造智慧（Less is more），强调使用者也是设计师的定位，进行体验共创，探索未来，如本书"以用户之名"所言，唯有体现医院用户需求金字塔，才能展现医院设计的"魂"。而且未来医疗是以人为本，以居家社区的健康预防为核心（More home，less hospital），以温度取代高度，以时效加值坪效的感动设计思维。

谷兄师承黄锡璆老师，从改革开放以来见证中国医院建设的转型过程，更和境外公司合作交流，引领国内对未来医院的创新设计。从本书的医院设计 4.0 章节名称"戴着镣铐的舞蹈""理性的基因""医院的革命之路""改变医院的'苹果'""医院设计 4.0 之 12345""乐高与围棋的哲学""医学科技与医院的未来""中国医院的弯道超车"就可以证明，谷兄以浑厚的专业涵养及人文底蕴，从医疗建筑师的角度分析整个产业的发展过程，在新时代中国大健康的格局下，编写了这部心血之作。

我呼应谷兄的论述，"医院设计 4.0 就是插电的乐高"，我们认为明日智慧医院将是"AIR 医院"，也就是人工智能（AI）加机器人（Robot）的设计思维。我们乐于追随谷兄，更盼望与各界一同激荡创新的火花，对福国利民的大健康产业贡献一份心力。

尹汇文

2017 年 12 月于台北

# 自 序

20 多年前，有幸在黄锡璆大师的指导下亲历了被称为中国现代医院建筑的开端的佛山市第一人民医院的设计，从此开始了与医院建筑的亲密接触，并见证了近些年中国医院建筑飞速进步的轨迹。

其实当初的入行，如同经历了包办婚姻，对医院建筑的兴趣和感情是一点点逐步积累起来的。刚开始做医院建筑设计时颇感无趣，因为不摸门，所以设计颇为程式化，觉得建筑的空间创作被功能缠足，总想通过医院的建筑表现和空间来让医院建筑有所不同。等到有过一些设计实践，产生了一些经验和认识之后，思路才渐渐开阔了些，开始带着问题关注功能和流程，开始欣赏那些精妙的功能解决案例，感动于那些漂亮的平面设计，自然也就对医院建筑有了感情。前几年到台湾交流，有感于永龄健康基金会执行长尹汇文先生及其团队对智慧医院设计深入及落地的研究，仿佛见到了远处的风景，于是开始想象中国医院建筑的未来。实践越多，想的就越多。

应该说，科技是这个时代医院建筑最大的变数，因为它可以使医院内容更加多元、功能得以重构，并融合了服务、管理及建筑空间本身。这其中，大写的人是所有这些因素的公约数，这使得医院建筑设计变得更有意思，医院建筑也变得更有温度。于是有了动笔的冲动。

我一直对自己的写作和语言组织能力持怀疑态度，所以始终羡慕那些妙笔生花、出口成章且思想活跃之人，更是视那些自如转换语言频道的人为神圣，因此酝酿了很久才下决心动笔。下决心是个艰难的过程，也设想了诸多困难。原本想写点东西就当是个碎片整理的过程，把自己的实践和一些思考端出来供同道拍砖，查阅资料本身也是个知识学习的过程，希望能把碎片中的漏洞做个填充；再有就是逼着自己做些事，改变一下自己长久以来懒惰的惯性，但等到真正开始动笔了才发现，真的是比想象中还要困难。

《黄帝内经》里只用了 30% 左右的篇幅写医学，其余的内容都拐弯抹角。当下的医院建筑涉及的面也越来越广，因此，初始的构想也并不想从建筑到建筑，而是想从医疗的变化入手，进而到医院建筑，觉得这样才能为跨界的医院建筑发展找些根据。动笔以后才发现，自己把自己逼进了死胡同，知识的局限使自己的思维始终停留在碎片化的状态，越整理漏洞越多，越写文字越重，自己的大脑被攻击得几近系统崩溃。虽然守着黄锡璆大师这样的前辈，有可以随时请教的便利，但似乎对医院建筑了解越多，底气越发不足。悲观地想，估计穷尽我一生也难以做到医学和建筑这两门学科之间融会贯通。至少我缺了两个经历：一是做大夫，先做全科医生，然后再到每个专科去走一遭；二是当医院的院长，搞明白医院的管理，形成整体思维，然后再去做医院建筑设计。但到那时，估计黄花菜都凉了。

因此，应该说这不是一部医院建筑的系统性专著，甚至可以说不是一本建筑的书，只是一些关于医院建筑设计在当下的零星感受。以随笔的文字形式表达，表面上看为适应当下快餐式的阅读喜好，实则为藏拙，权当是趁夜糊在街头电线杆上的一块块狗皮膏药吧。

## 推荐语

中国的医院建设正行进在新时代科技发展、人文关怀的大道上，现代医院已变身为一座复杂的容器，不仅装载了生老病死，也装载了现代科技、生活和情感关爱。回望历史，没有任何一座医院建筑可以永恒，唯有探索和思想才能引领前行。"我思故我在"，我想，这正是本书的价值。

欣喜、赞赏、致敬、祝贺！"有文化的超级计算机"用心血写就的一本医院建筑设计专著，本人爱不释手，业者必读！

【**刘殿奎**】　中国医学装备协会医院建筑与装备分会会长、原国家卫生计生委体改司副司长

非常荣幸能在正式出版前读到谷建先生的专著，快读一遍精读一遍受益颇多。作者深谙医疗建筑创作之道，满足医疗功能要求的同时追求建筑艺术创作的"温暖自由"，作者更加熟知新时期读者阅读需求，把自己的深度思考撰写为多个读起来轻松愉快、颇为自由的篇章，内容却是对世界医院建筑创作方法论与中国创新的深度总结和提炼，津津有味又引人深思。

通读之后才真正理解"戴着镣铐的舞蹈"书名的深层寓意，形体被束缚但内心却充满自由，是医院中疾病苦痛与治愈关怀，是医院建筑严格功能要求与温暖的建筑艺术，是本书中严肃科学和轻松阅读，是掩闭窗内面对碧海蓝天的欢欣雀跃。这是一本中国医院建筑设计的"大书"。

【**李宝山**】　中国医学装备协会医院建筑与装备分会副会长兼秘书长、中国社会福利与养老服务协会医养结合分会副会长、全国医院建设大会组委会执行主席、筑医台总编辑

1999 年就结识了谷建先生，也结识了他一个个设计作品，今天有幸拜读他的著作，字里行间，感受到的是他多年潜心于设计工作的执着和热爱，看似片段式的描述，串起的是整个医院设计的核心，谷建先生许多的观点我是认同的，他对建筑设计的理解既有深度，又有许多独到的见解，值得思考……戴着镣铐的舞者，仅书的名字我就很喜欢，镣铐没有成为舞者的羁绊，反而被舞者利用，最终成就了美丽！

【**张庆林**】　北京大学第一医院原副院长、中国医院协会医院建筑系统研究分会副主任委员

【**梁以平**】　北京大学第一医院基建办主任

因医院建筑我与谷建先生结识多年，他师从"清华"庄惟敏教授、"中元"黄锡璆大师，有丰富的医院设计经历和业绩！读罢本书，如同与谷建先生并行游历他二十多年医院设计历程，感同身受！

这本专著以《戴着镣铐的舞蹈 医院设计随想》命题有其特定用意。纵观全书，既有医院设计的复杂和不易，也有多年的积累和对医院设计的哲学思考，注重建筑空间与功能的协调和医疗环境体系的高效，同时更强调医院建筑如何与城市环境之融合。

本书透过医院设计实例分析，从切入医院建筑设计的关键点，到逻辑梳理医院设计繁杂的头绪，阐释医院设计方法学。

本书虽为设计经历碎片整理的随想，更能表达谷建先生对医院设计尊重专业、尊重自然的深刻总结，值得称道！

**【王铁林】**　中国医院协会医院建筑系统研究分会副主任委员、中国医学装备协会医院建筑与装备分会副会长


一部耳目一新的作品，一部不忍释卷的作品，一部回味隽永的作品，也是一部具有很好医院建筑设计实践指导价值的作品。快速变革的时代，科技驱动的时代，需求爆发的时代，我们看到了医院建筑的变迁，建筑艺术的表达，设计作品的幻化，未来发展的展望……字里行间，透露着设计师深厚的功力，独特的视角，敏锐的洞察，理念的演绎，更能够看到设计师对于发展的思辨，梦想的追求，对理想的执着……

"戴着镣铐的舞蹈"，灵动美丽的背后，有束缚，有无奈，有突破创造的追求，能够看到对于医院建筑设计功能性、复杂性、严谨性特质和生命的尊重，也能够感受到作者引领和推动变革的行动和渴望。谷建，一位中国医院建筑领域有实力有影响力的设计师，也是一位令人敬重的设计师，在这里你能够读到医院建筑设计的矛盾论、方法论、进化论、蜕变论，医院建筑设计实践的新思想、新理念、新做法、新发展，打开医院建筑设计的另一扇窗，更能读到这位有温度有激情有张力的舞者，带来心灵的激荡与共鸣……

**【沈崇德】**　南京医科大学附属无锡人民医院副院长、卫生部统计信息中心医疗物联网研究院副院长、中国医学装备协会医院建筑与装备分会副会长、医疗工艺学组主任委员

# C目录
# Contents

# 第1章 医院设计4.0

CHAPTER 1　HOSPITAL DESIGN 4.0

医院设计师是戴着镣铐的舞者，在功能与艺术、理想与现实之间挣扎

## 1.1 戴着镣铐的舞蹈

医学生和建筑系学生的学制似乎比所有其他专业都要长，意味着学科的复杂。由于不简单以及始终面临新技术的挑战，因此，毕业后的成长及成熟得也最慢。无论从医，还是从事医院设计，着道以后便进入了终生学习的轨道。

医院建筑设计由于涉"医"并横跨了两大复杂学科，与界外的人打交道，被复杂的医疗功能、设备设施、不同的医院管理方式、医疗服务模式牵扯，需在医学需求、安全、效率、美学、人文、社会、经济、技术等方面求得平衡，也就使医院建筑设计变得复杂无比。

从入职算起，一旦上船，这青葱岁月就开始进入到以"5"为计量单位的浓缩人生阶段了，头5年完成从建筑专业学生到工程师的职业身份转换，10年医院设计才入门，15年入道，20年开始独立思考，却已离退休不远。一旦开始思考，就发现自己的知识漏洞越来越多，需要不断补充跨界知识，一边还要不断学习这个日新月异的领域的新知识、新技术、新概念、新设备。一边做着周期动辄长达10年的项目设计，一边感慨职业生涯的短暂，等到稍微明白点却还未留下多少职业痕迹，不觉中已两鬓斑白，大半生已过。好在由于职业成熟期长，胡子一把时，反倒可以凭借脸部的皱纹作为年轮来博得信任感，得以焕发第二春。

诚然，医院建筑设计是当下颇具活力且具有挑战性的领域之一，活力来自于这个领域始终处于前沿并不断变化；需要整合医学需求、用户行为和心理；另外，医院建筑又是一个复杂和庞大的系统工程，需要将整合设计、技术、功能及建筑技艺进行完美结合，设计的成功需要设计师与医院管理者、医生、供应商、病人及家属、建造商一起高效地工作，才能呈现一段华丽的群体舞蹈。

一部电影需要编剧进行剧本创作，编写一个从无到有的故事；导演进行系统化掌控；演员去表达故事的每一个细节，那么医院建筑这部大片，建筑师在某种意义上则身兼了以上数个角色，甚至还具备制片的职能，限额设计控制造价，这无疑充满了挑战。

与电影等艺术类的创作不同，不仅需要故事精彩、表演细腻、画面生动，更因为这是一个涉及资金、将长期存在的工程，是为人、为医护人员等健康人群所使用的建筑，医院建筑的功能属性才是根本。所有的使用者都应该被关爱、所有使用者的需求都是合理的要求，功能才应该是评价体系中最为核心的指标，尽管相当多的决策者关心的仅仅是其艺术层面的表现，并以此作为唯一标准为百年大计的工程定下终身。

现代医院建筑呈现越来越多的多领域、多学科交叉协作的特点，变得越来越复杂，设计也逐渐成为链条当中的某个齿轮。医院设计师似乎也越来越无力担当起医院建设的导演，甚至是医院设计的导演。尽管设计师是设计的主刀以及责任的背锅方，但有些时候并不是、不能、也不应该成为设计的唯一决策者，需要做的是在各种制约、各种需求，以及各方的话语权之间达到平衡，并以职业训练的素养将诸多"平衡"翻译成一座"建筑"。

医院建筑设计的辛苦还不仅仅在于设计过程的劳心与劳力、创作的痛苦，还需要有推销员般的坚韧，用尽洪荒之力向不同的用户"贩卖"和"推销"自己的产品；因用户、因材料、因施工而不断地修改、解决建筑由图到物的各种问题，像个充满爱心、无怨无悔的母亲，精心呵护子女艰难地成长。

医院设计师是戴着镣铐的舞者，在功能与艺术、理想与现实之间挣扎。

## 1.2 理性的基因

1996 年初，由以色列和美国的科学家组成的研究小组各自单独发表声明：他们已经发现人类的第 11 号染色体上有一种叫 $D_4DR$ 的遗传基因，对人的性格有不可忽视的影响。这是人类首次把人的一些性格特征与一个具体的基因明确地联系在一起。性格的形成，受到多种因素的共同作用，包括先天因素、家庭成长环境、工作以及个人际遇等都会对性格造成影响。医学研究表明，对基因完全相同的同卵双胞胎的测试结果，在五个不同的人格特质方面，有约 50% 的相似性。先天因素决定了性格和气质的基本面。

基因与生俱来，像是密码一样，写在我们的人体细胞中，建筑亦如此。

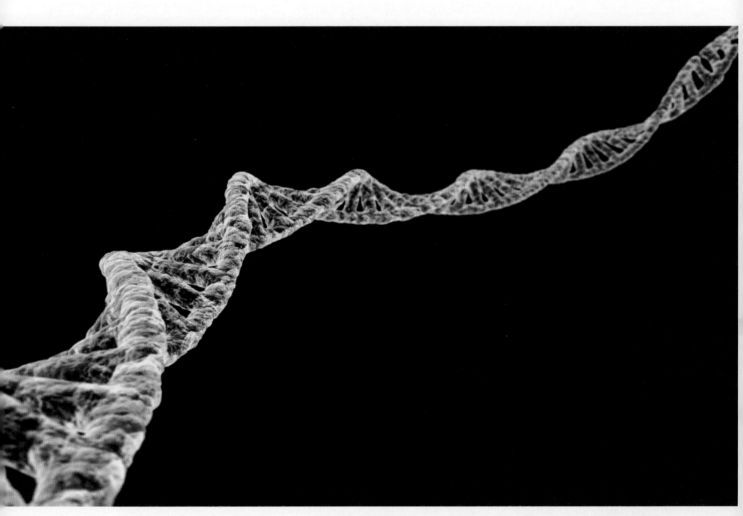

理性作为医院建筑的 DNA，与生俱来，像是密码一样，写在医院建筑的细胞中

## 基因传递

清代北京城·北京大学第一医院（老城区）·北京大学第一医院城南院区（新城区）

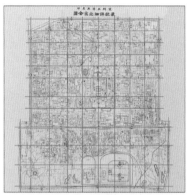

清代北京城

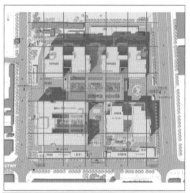

北京大学第一医院（老城区）

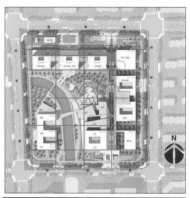

北京大学第一医院城南院区（新城区）

从城市到区域、从老城到新城、从主院到新院，同样理性的方格矩阵，嫡代传递的基因是城市与主院签名颁发的出生证。

对于建筑来说，功能即是密码。功能决定了建筑的逻辑关系，逻辑关系左右了基本布局、五官眉眼，所谓神韵，气质也，基因使然。说某建筑像医院，或像写字楼，表面看说的是长相，实质上却是入骨三分之后的亲子鉴定，是基于经验、过往体验和认知对建筑的功能逻辑判断以及随之产生的气质的判断。任何建筑都可以如此评判，因为任何建筑都是功能性的建筑，无一例外，因为都是为人的需要而建、为人所用的，只是重物理性功能层面或重精神层面，抑或两者兼而有之，不同的只是功能目标的权重之别。医院项目如果被评价像医院，恭喜你，你已经有 50 分在手了。

医院建筑的 DNA 是什么？

理性！为什么是理性？因为功能。

医院毕竟是功能性很强的建筑类型且关乎生命和安全，效率、便捷、安全是功能的关键词和设计的规定动作，因此医疗功能空间有强烈的逻辑性和规律性，如同数学般严谨，无论评价体系有多少维度，功能逻辑始终是第一位的。

所谓的"理"，即道理，拆开看，理就是"王＋里"的组合。"里"就是内在和根本，是逻辑之源，是"因"；"王"则是至上、王道，是逻辑之果。医院建筑的 DNA 正是因为功能之"因"，产生了必须遵循的逻辑之果，从而造就了医院建筑"理性"的气质，这是先天因素。

高矮胖瘦则依赖后天的成长环境，医院所处的城市环境、风貌、交通状况、地形地貌，以及城市区域的社会、人文、气候等因素都会对医院设计产生影响。可惜的是，如同中国城市面貌的严重同质化一样，全国各地医院建设的"大跃进"，让我们看到了太多的"克隆"，太多的"千院一面"，同样的 DNA、相似的容颜、一样的不修边幅，仿佛一夜间，神州大地诞生了无数被拐卖离散了的孪生兄弟，不同父、不同母，毫无血缘关系却体貌雷同。另一个极端则是形象夸张、自恋型的医院设计，这种设计同样背离理性，类似于发高烧和抽风的并发症，更为可怕，因为这种医院设计丢掉的不仅是城市和环境，陪绑的或许还有医院设计最根本的要素——功能。对医院成长诸多因素环境漠视的设计，也让医院设计背上了"刻板""无品味"的黑锅，也似乎离建筑创作渐行渐远，我们在给破坏城市做出"贡献"。与我们在"克隆"方面并肩战斗做"贡献"的还有我们的审批体系，凡我神州大地的医院项目，审批建设规模、建设标准、投资时，会被一把带刀的尺子度量一遍，齐刷刷地平头出户，无论家庭出身、家境背景、个性还是体质。

一个有温度的医院设计，一定是一座丰富而又具关怀的建筑，不仅要有人的体温，这种温度同样需要传导给城市，因为医院建筑是城市的一部分。换言之，医院自身在城市的某个角落立足，我们需要给它一个存在的理由，让它有个合理的出生地，并且能够在这里茁壮成长。

医院建筑从来就是理性的产物。我们这个时代，到底需要什么样的医院设计？如果说商业建筑是花枝招展的时尚少女，体育建筑是阳刚的肌肉男，那么，医院建筑就应该是有浪漫情怀的理工男。

这是什么东西？
建筑大师弗兰克·盖里的医院建筑作品
——美国克利夫兰脑科医疗中心。

这是要疯了的节奏！疯狂的医院建筑！
或许，这是一次体检，
看你是否会进来治疗，
或者换个专科医院去看看……

分子核体系医院的连接与生长，理性思维贯彻始终　　　　　　　分子核体系模块组合

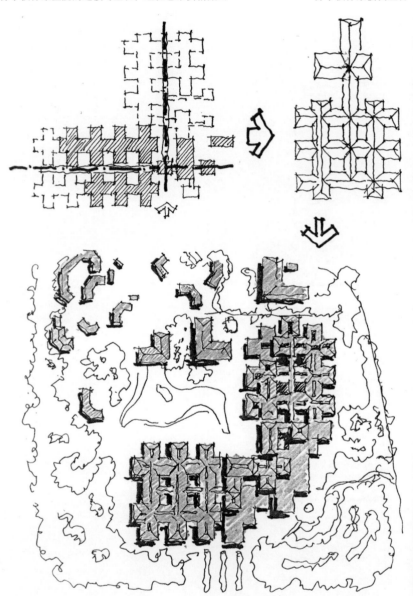

英国皇家伯恩茅斯医院——典型的分子核体系形态医院的设计

理性——医院建筑的 DNA

英国的医院建筑设计在 20 世纪 70 年代中叶，开始推行分子核体系，虽未实现大面积推广，但却为现代医院植入了基因。这种模块化的体系标准化、可扩展的特点使大型医院复杂的功能联系、可识别性、灵活性等方面得到了改善，并形成"村落式"的医院形态。

分子核体系所采用的十字形模块，将整个部门或者集约化的科室集中起来，每个模块占地面积 1000—1100m²，以医院主干道为核心和纽带，联系医院的各个功能单元，医院各个功能单元均以模块化的方式组合，既有利于医院结构的清晰和可识别性，又为医院今后的扩展提供了方便，使医院成为可生长的细胞组合。

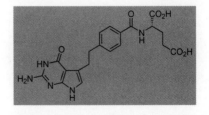

分子核（Nucleus）由医学而来，很多其他学科理论被用于医院建筑。
建筑设计表现出的"好学"和"博学"气质，某种程度上也反映了其"杂学"或"伪科学"的本质。

西班牙新圣卢西亚大学综合医院，2010

建筑师：CASA sólo arquitectos

几十年后的现代医院，无论科技如何进步，分子核种下的基因仍在牵引着医院建筑的发展。

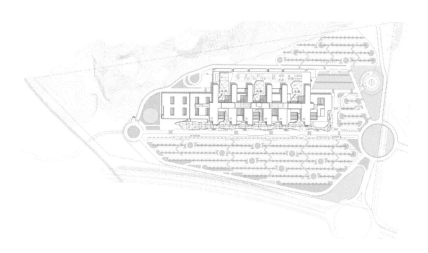

医院建筑的城市意象分析

从分子核体系中可以解读出许多城市设计的元素。用凯文·林奇的《城市意象》中的5个要素来分析医院的模型，5个要素中节点和标志是有效的点，边界和路径则是线性属性。医院大的功能区域仿佛是城市的居住区、工业区、金融区等区域，之间以交通走廊限定其边界，交通核心形成区域的节点，网格状的交通系统形成科室间的路径，大厅或医院街则构成其标志或高潮。

城市设计的核心是对于功能的严谨划分并达到区域交通、容量、空间形态等方面的平衡，分级的道路形成完整的道路系统。大型医院的设计亦是如此，功能区域和科室设置依据相互之间的关联性和紧密度进行划分，交通空间也需根据各种人流、物流进行分级设置，分级后的交通空间才能达到快捷、高效、安全的目标。

人们对于城市，有自己的认知模式和心理地图，他们对于城市的认知经验可能会被带到对于大型医院的认知过程中来。从《城市意象》的分析角度来引导大型医院的设计，或许有助于人们对陌生环境的了解，城市设计元素在医院设计中的运用，也会使医院的脉络和结构更为合理和清晰。

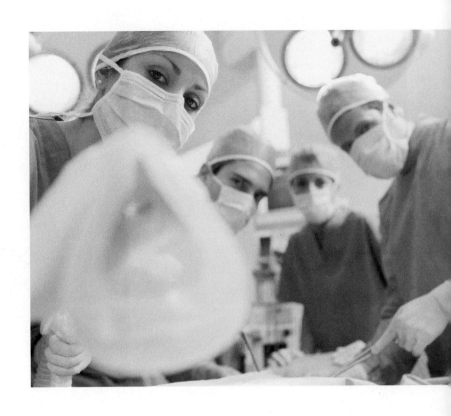

## 1.3　医院的革命之路

搜索度娘，世界上最早的医院出现在我国的周代，这个结论尽管有效颦东邻做派的嫌疑，5000 年中华文明，姑且信之。世界上出现最早的医院，历史普遍认为在苏格兰中部的伊持图塞尔，这座医院建于罗马军队占领时代，迄今已有 2000 年历史。重点不在于探究谁先谁后，而在于通过回望了解后续形制脉络的演变过程，产生对未来发展的启示和展望。

显然，周代以后我国医院的发展和形制演变存在着很大的断层，而现代医学是随着西方文明的发展而进步的，西方文明的进步又是以科技为推动力的，可以说，科技应用的优先方向除了在军事领域以外，另一个高地就是医学领域，科技的发展推动了医学的进步。西方的几次工业革命推动了社会的进步，医学手段伴随科技的进步同样促进了医学的发展、医学模式的演进和人类文明，这些变化也深刻反映在医院形态的变化和医院的设计之中。寻根溯源，以工业革命带来的科技进步为参照系，寻找医院建设发展史上的里程碑和革命之路，并由此来探讨医院建筑的未来发展，无疑有其合理性。如同以砖石结构为线索探寻现代建筑的脉络一样，现代医院的发展也可依循西医院的演进过程。

苏州科技城医院，2016

南丁格尔式病房

用庚子赔款建设的北京协和医院

查理·卓别林的"摩登时代"

17 世纪末蒸汽机的发明引发了第一次工业革命，世界进入了蒸汽时代，机械开始逐步被运用，但这一阶段，科学意义的医学并未成形；直到 1879 年，爱迪生发明了电灯引发了第二次工业革命，发电机、电动机相继被发明，远距离输电技术的出现，电气工业迅速发展起来，电力在生产和生活中得到广泛的应用，世界进入了电气时代，标志着工业化世界的开始，这才产生了真正意义上的现代医院。

1860 年，西方阁楼式医院开始大行其道，这种南丁格尔式病房成为现代医院的雏形，有着标杆的意义，至今我们从中仍然可以看到现代医院形态的影子，有功能主线、类似于鱼骨状的中轴对称形式，以及专业化的标准模块、高效和良好的通风。

用庚子赔款建设的北京协和医院就是阁楼式医院的典型案例，以及其后的梳式、分栋联廊等形式的演进，从此诞生了科学意义上的现代医学和现代医院，现代医院设计开始了 1.0 的纪元。20 世纪初，混凝土钢结构用于建造、空调技术和电梯的使用成为科技在医院建筑运用的第一个里程碑，医院建筑功能不再局限于水平布局，开始向空中发展；空调技术的运用使医院建筑回到了紧凑型的布局形式，也使得布局方式更为自由和灵活，形态也更加多元；电梯不仅可以载人，还可以进行货物运输，医院开始产生了物流。近百年的时间，医院尽管从地面走向了空中，但听诊器、药物和护理仍是这个时代医学的主要手段，医院可以通过现代医学为人的生存而努力，这种机械医学模式下的医院建筑成为治病的工厂，尽管日后被广为诟病，但却成为现代医院设计的第一个标尺刻度。

20 世纪上半叶，里程碑式的革命来自于 X 射线技术用于医学检查，诊断由此开始借助于医疗技术，而不是仅仅依赖于听诊器，现代医院的医技部诞生。手术和麻醉成为新的治疗手段，医学有了救命的含义，医学模式开始进入生物医学模式。我们看到了帕诺阿尔托板块多翼式、格林尼治板块式等形式的医院，这些医院的布局形式虽发展自 1.0 模式的医院，功能组成却有了根本性的变化。这种符合生物医学需求的现代医院，我们标定其为现代医院的 2.0 版。

20 世纪中叶，原子能、电子计算机、微电子技术、航天技术、分子生物学和遗传工程等领域的重大突破，标志着新的科学技术革命的到来，产生了第三次工业革命，其中最具划时代意义的是电子计算机的迅速发展和广泛运用，使世界进入信息时代。1980 年，数字图像技术使医学科技在历史标尺上产生了新的刻度，虽与 X 射线的医学运用同样是产生影像，用于医疗的诊断和治疗，但两者却有本质的不同，差异在于"数字"。数字图像技术的"数字"除了图像精度差异外，更在于传输，这是信息时代的产物，现代医院建筑在传统的"人流 + 物流"的基础上，又产生了"信息流"。器官移植被用于医学，生命得以维持。现代医院进入 3.0 时代。

化石能源的大量使用带来了能源危机，使医院建筑的运营、人工成本和功能效率得到了更多的重视，紧凑和集约型的设计成为一剂良药。进入 20 世纪末，与"大城市病"相同，大型医院也患上了"建筑综合征"，人们开始关注以人为本的健康环境维护；与此同时，在关注肌体疾病的同时开始关注人的心理因素，注重健康的同时开始关注心理对治愈的积极作用。建筑的生态和绿色节能，又开始以兼顾环境的较为舒展的布局展示其以人为本的一面，从而来到了生物—生理—社会医学模式。这 20 多年医院从高度紧凑集约到实现效率和健康环境之间的平衡，如同手风琴的风箱，在被收放的渐进过程中体现了人类的思考和观念的进步。

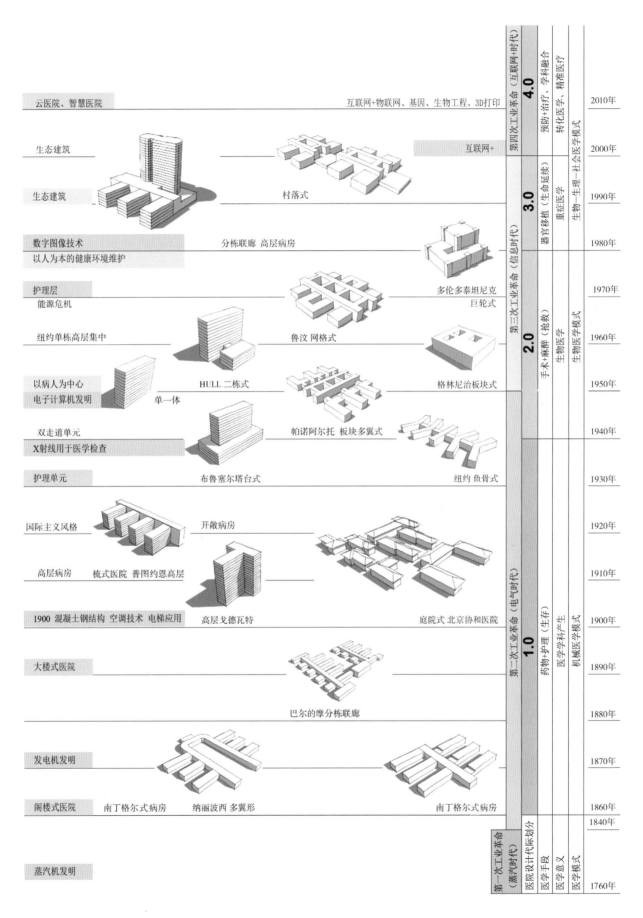

# 三个苹果改变了世界
# Three Apples that Changed the World

**Eaten by Eve**
青涩的苹果诱惑了夏娃

**Fallen on Newton**
成熟的苹果砸醒了牛顿

**Created by Steve**
乔布斯的苹果创造了新世界

有人说，三个苹果改变了世界：第一个诱惑了夏娃，第二个砸醒了牛顿，第三个曾在史蒂夫·乔布斯的手里。
乔布斯手里的那只"苹果"不在于"苹果"本身，而在于它是从哪棵树上掉下来的，这棵树就是互联网。

从此，一个新时代开启。
我们听到了手机制造商们的呐喊："此刻，我们都是苹果。"

人类的新生活也从此打开。
需求决定生活方式，生活方式决定行为模式，行为模式决定功能，功能决定了空间，空间构成了建筑。
人是决定因素。

互联网链接了无数的"+"，同类的"+"产生集成，集成后再"+"产生融合、达到新的集成；不同类集成间的"+"产生了跨界与互通。

因为有了平台，医院变得更"智慧"。

## 1.4 改变医院的"苹果"

有人说，三个苹果改变了世界：第一个诱惑了夏娃，第二个砸醒了牛顿，第三个曾在史蒂夫·乔布斯的手里。从这句话可以体味到改朝换代的革命意味。

第四次工业革命以系统科学的兴起到系统生物科学的形成为标志，达到系统科学的理论与技术整合、跨界与融合。乔布斯手里的那只"苹果"不在于"苹果"本身，而在于它是从哪棵树上掉下来的，这棵树就是互联网，以及拓展的互联网＋。手机不再仅仅是手机，而变身为掌上的终端，成为跨界与融合的载体。以前查阅资料要到图书馆，购物要去商店，依托互联网，我们现在可以安坐家中足不出户而与整个世界连接。社会的方方面面都已经改变，无论是生活方式、行为模式还是观念和意识形态。互联网同样深刻地影响到了建筑，因为建筑是为人和社会服务的。需求决定生活方式，生活方式决定行为模式，行为模式决定功能，功能决定了空间，空间构成了建筑。人是决定因素。

我们已经来到了互联网的时代。从医院设计 1.0 开始，医院的发展始终在追赶前三次工业革命的脚步，代际更迭周期越来越快，脚步也越来越近，现在终于来到了同一起跑线。这是新科技的力量，把医院设计也带进了 4.0 时代。

系统科学的兴起和学科融合导致的是转化医学、生物工业的产业革命，以往从没有哪一次工业革命那么精准地"靶向"于医疗产业。互联网产生了物联网和大数据，并与生物技术、3D 打印技术和物流科技融合，传统的医学概念将彻底颠覆，并形成一系列的相关产业，这就是蝴蝶效应。互联网后面这个"＋"以及伴之而来的物联网，像两只隐形的翅膀，以速度、便利、集成、时空、共享、规模和成本优势，扇动并推倒了医院与医院之间，以及学科之间、行业之间的藩篱，经历了模糊与重组之后，边界得以重新定义。

即便如此，即便改朝换代，但不是开天辟地。医学的进步是以过往的经验为阶梯，有历史的印迹，医院建筑更是如此。医院建筑的变化总是蹒跚在医疗行为和科技进步的脚步之后前进。新科技让医学诊疗手段得到丰富的同时，也给医院建筑带来了变数，变数产生于诊疗方式导致的功能连接方式的变化，布局改变了，功能得以重构，这种重构一是功能组成和内容的变化，二是功能组合方式的改变，并由此改变了医疗服务模式，但医疗功能区之间的关联性仍作为定数存在，有其发展轨迹的规律可循。互联网＋和物联网就是背后扇动翅膀的那只"蝴蝶"，扰动的是不远处的未来，但变化和影响确实已经开始呈现。

医院物流系统

应用于医院建筑最新的科技技术，已使医院成为一个个系统的集成平台，如实时定位系统（RTLS）、集成床头终端及自动导向车系统（AGV）、药品器械采购供应链（SPD）等，这些基于网络平台的终端使医院的信息流不仅仅局限在数据传导方面，满足于自动化办公和临床，而是与物流进行了融合和互通，医院建筑传统的人流、物流和信息流不再是各自独立的系统，而是相互关联、交叉、融合。

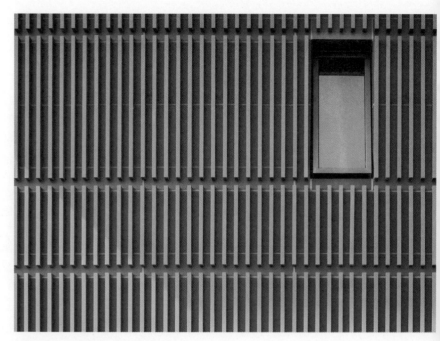

苏州科技城医院细部，2016

## 1.5 医院设计 4.0 之 12345

医院设计 4.0，简单归纳其为 12345，就是层级递进的一核两翼三集四化五性，如果要用一个词来概括描述，则是"智慧"。如果要再加上个形容词，那就是关怀，有人文关怀的智慧医院。

1. 一个核心
毫无疑问，就是互联网，因为它构成了医院的智力平台。新一代医院的智慧的基础来自于互联网，智慧产生的途径来源于计算，与之接轨的语言是简单的数字码。互联网引发了医院所有的变化。

2. 两翼
互联网 + 医疗，以及物联网，成为支撑现代医院建筑的两个翅膀。

互联网 + 医疗吹响的"集合号"是将互联网这个基础平台上的多种数据信息召集起来，建立了共享、协同的多功能信息平台。信息之间的交互、融合、协同，其实就是人与信息之间的关系，改变和建立的是新型的人与人的关系，是"人与人"之间的互联网。

物联网则是"物与物"的互联网，通过信息传感设备实现物品与互联网的连接、物品的交换，是通过人的指令、借助信息交换实现的。所以，物联网从实质上看，是"人与物"的互联网。

两个翅膀扇动并整合了跨界、融合、协同、连接，以更为开放的生态重塑了医院的结构体系，这是以集成的形式实现的。

有了"人""物"，似乎故事就有了，下面就看表演技巧了，集成开始粉墨登场。

3. 三个集成
三个集成即：医院内部集成、区域集成和行业集成。医院设计需要关注这些集成给医院的医疗活动、后勤和医院管理带来的改变及产生的影响，更需要关注的是对医院所有相关的"人"的影响。

（1）医院内部集成：医院内部集成有三个方面，包括临床科室的集成与重组、医技科室与临床科室的集成和信息流与物流的集成。其中临床科室的集成与重组是医院内部集成的始作俑者。

1）临床科室的集成与重组：医院的科室组成模式与医院规模、医疗资源、管理、学科水平及医院担负的医疗任务等因素密切相关，也决定了医院建筑的布局。目前，大多数医院是按诊疗手段和治疗对象划分临床科室的，即常规的内外妇儿五官的五大金刚。现在开始有更多的医院开始以身体部位和疾病的中心制模式划分临床科室。当前医学的发展，学科间形成了更多的交叉协作，并逐步成为一种趋势，一些医疗和学术水平高的医院正在推动 MDT（多学科联合诊断 multi-disciplinary team）的建设。北京大学第三医院成立了多学科协作中心，如创伤中心、心脏中心、肿瘤中心等，在相关多学科专家教授之间形成机制联动；还有更猛的，瑞典卡罗琳斯卡大学医院干脆取消内科、外科等所有临床科室！没有这些科室的病房、门诊和专科医生，取而代之的是一个全新的以病人和临床研究为中心的医院运营新模式。此外，还有高歌猛进的日间诊疗。临床科室的集成和重组正改变着医院设计。

2）医技科室与临床科室的集成：伴随着 MDT，产生了医院内部第二种集成。中心制或单元化诊区的模式提供了一站式服务，在这里完成挂号—检查—诊断—治疗—支付—取药的大部分过程，因此相关的部分医技科室也被一并纳入，如检验样本采集、B 超与妇产的集成、DSA 与心血管的集成等。

共享平台下的集成

3）信息流与物流的集成：由医技科室与临床科室的集成产生的医院内部的第三种集成。随着部分医技科室的多点分布，临床科室通过 HIS 和 PACS 系统随时调取数据影像。部分医技科室变成了后台，支撑着与患者交集的多点前台，LIS 系统链接着前台的多点样本采集和检验科；多点取药与后台化的药库则通过物流系统实现链接。并不是所有的前台都面对患者，其共同点是直接面对终端用户，立体化的智能仓储系统就是接驳后台的中心供应与手术室、产房、重症监护等前台的纽带、药械供应链 SPD 等。信息流与物流也实现了交叉、融合与互通，并被整合为一个大的系统共同工作，不再是泾渭分明。

所以，医院内部集成，临床科室的集成与重组是主因。

医院内部集成是一种三维网格状的集成，$XYZ$ 轴分别代表医疗功能科室模式、医疗设备与物流系统，它们共同作用并影响着医院的空间。集成产生了一系列的交叉点和汇集点，这些点所涉及的医院空间，就是我们所要关注的影响空间，因为这些空间改变了医院原有的功能空间组织矩阵关系，进而改变医院内部的功能动线。

（2）区域集成

1）医疗机构之间：医联体的组建、远程医疗；各种层级的医疗机构之间直至社区医疗，以构建健康城市为目标，为一体化的医疗服务以及与促进健康的功能相结合，注重持续护理与人群健康的协调统一。

2）实体医院与网上医院间：实体医院通过远程医疗对云医院、掌上医院的协同和支撑。

3）区域社会资源的共享和社会化服务：区域影像中心、区域检验中心；供应品、药品配送中心、区域洗衣中心、垃圾焚烧和处理中心等。

（3）行业集成。包括物流企业、医药企业及医院的上下游、医疗与康复、养老社区，甚至包括保险公司，从而形成全社会医疗服务产业链。

所有的跨界、融合、协同、连接，都需要通过互联网这个核心，基于这个共同的平台下的所有共享信息的流程化、标准化，需要大家说的都是"普通话"。共享信息编排后的结果，就是流程的优化和自动化；优化后的流程产生的就是效率与功能流程的合理性。这就是"智慧"医院的表现、理性的智慧。

4.0 时代的医院设计就是追寻、串联"智慧"，并跟上智慧医院的"IQ"；以空间营造、细节把控、人文体现，赋予建筑 "温度"，表达医院的"EQ"。这些都是通过建筑语汇来予以表达的。

4. 四个设计特征化
（1）单元化：功能的模块化是一种基础性的单元化方式，变医院各个单一的功能细胞为可协同产生效能的组合，单元化诊区即是一例，融合了诊室、检查、治疗、等候等细胞功能，有些还包括了采样、支付、小型医技设备等功能。

（2）平台化：单元化之后，依据功能关联度的组合，创建功能上一级平台，或是上一层次的单元组合。如 MDT、手术功能包（手术、中心供应、病理、血库、重症监护等），平台化以便捷的水平或垂直交通联络相关各功能单元。

（3）综合化：功能复合、植入多元化业态、开放化的医疗综合体。

（4）立体化：以立体化的方式明晰门急诊、医技、住院、后勤保障、生活；前台与后台；患者与医护等的区域限定、动线等关系，实现功能的分区分流、互不交叉，同时又能融合互通。

5. 五个特性
设计手段在上述四个设计特征化的前提下，实现相互间的交叉、融合、互通、整合，在医院设计上的反映更多地表现在标准化、模数化、模块化的设计手法上，以保持设计应有的弹性。五个特征即：

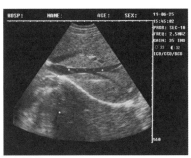
B 超图像

（1）灵活性。
（2）协作性。
（3）移动性。
（4）可变性。
（5）扩展性。

基于同一平台，信息流与物流可以交叉、互通、协同工作，人流会伴随着医疗活动的变化而改变；基于同一平台，医院各个复杂且原本相对独立的系统又会产生融合，被整合到一个完整的大系统当中。使得设计在总体控制下变得更加自由和灵活。

什么样的医院才是医院设计 4.0 的模板？文无定法，水无常形。对此，我给不出答案。

面对变化而不可知的未来，面对这个知识爆炸的时代，或许，我们以往的知识都是陈旧的，我们以往的经验都应该被抛弃，以往的规范都应该被重置。

这个时代，是没有规范的时代。

或许，没有答案本身就是答案!

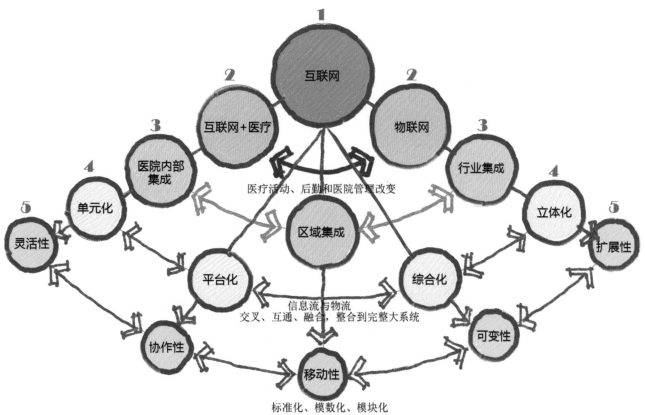

医院设计 4.0 之 12345

## 1.6 乐高与围棋的哲学

我一直认为，乐高与围棋是人类在玩具和游戏领域里最聪明、最巧妙的设计，无出其右，原因在于它们的平台设计。围棋就是简单的黑白，乐高也是如此，简单、标准化的凹凸，通过模块插接件提供了无限生长的可能。虽简单到极致但又可以产生无穷的变化，内中饱含了丰富的哲学思想。

简单与丰富似乎是一对矛盾体，表达出一种辩证的因果关系，体现了"大道至简"的哲学思想，厚积薄发也表达了同样的境界。比如一个容器，正是因为里面空空荡荡，所以才能盛下很多的东西，这确实是老子的思想。现代建筑哲学亦如此，第一代建筑大师 Ludwig Mies Van der Rohe 所倡导的"Less is More"简直就是英文版的"大道至简"。

巴塞罗那德国馆
Ludwig Mies Van der Rohe——"Less is More"

2017 年 5 月，围棋顶级高手柯洁与 AlphaGo 之间的人机三番棋大战吸引了大众目光，最终的结果不出意外地以人工智能取胜收场，柯洁甚至在后两场只是寄望于能让 AlphaGo 发发热、"出出汗"而已。至少在围棋界，人工智能已与人类的最强大脑不相上下甚至开始领先了。至少在目前，并不是所有的事情人工智能都能代替人类智慧的，之所以围棋可以，是因为简单的语言，超级计算机可以读懂围棋的语言。Basic 语言就是简单的 0、1 的组合，这种看似缺"2"的语言，使这个星球上的最强大脑被创造了出来。简单不等于简陋，简单确实可以做到不二的丰富和智慧。

基本在同时，还有另外一个反例。前段时间，有人拿以往的高考数学试卷，让精于计算的超级计算机 PK 大学数学系的本科在校生，结果让人大跌眼镜，这回计算机真"二"了，人脑战胜了计算机，事后分析原因，因为计算机没太读懂中文题目。恶毒点想，如果再来点方言，估计没等开算，它就直接给跪了。

围棋产生的哲学还可以被运用到建筑规划设计中。"金角银边草肚皮"是围棋占空的基本法则；在规划设计中，这个法则同样可以运用到狭小用地的规划设计中，使用地得到最大程度的利用。

我们似乎同样可以从乐高身上找到对现代医院建筑设计观念的启发。先有基础平台设计，所有的元件基于共有的平台，才有整合的基础；扩展达到多元与复合；集成的作用在于分组、分类和整合，才能交叉、融合、互通，从而实现简单中的丰富，或是丰富中的简单。医院设计何尝不是如此。

对于体量日趋庞大、功能越来越复杂的医院建筑，将医院功能逻辑，特别是交通动线加以梳理并简化，使之可被阅读、可识别、有逻辑，是设计概念判断的第一步，这或许就是医院的"平台设计"，简单可控的平台设计下的所有空间设计都会成为锦上添花，从而成就设计从简单到丰富的过程。现在很多不成功的设计，其实第一步就错了，错在使用了错误的复杂语言。对于大型医院，我们经常使用的理念有统一柱网、统一层高、模块化、模数化……如同乐高、围棋，简单的平台让共性的元素越多，越可以减少医院各功能科室间的个性差异，使建筑的各个功能单元聚合，并整合成为一个整体的系统，整体系统下的功能、灵活性、协作性、移动性、可变性就成为可能，这与乐高概念何其相似。

因此，对于医院设计而言，首先我们要说：简单意味着美好，意味着未来理性下丰富的可能。

医院设计 4.0，就是插电的乐高！

医院设计是个系统化的思考过程，需考虑的因素众多；"一千个人眼里有一千个哈姆雷特"，每个项目都是独立的个案，设计面对的挑战、项目的难点及重点均不相同，考虑因素的权重也不可一概而论。从常规来看，各因素权重比较，功能解决、功能效率及功能安全无疑是排在首位的，功能要素是第一层级的；第二层级是空间、体验和城市及环境的针对性措施，诸如人车的交通规划、城市设计、地域性表达等；第三层级是经济效能，包括建造成本和运营成本，以及节能环保策略。

设计就是对诸多逻辑问题的综合解答、各层级和各要素的权重判断和取舍的过程，设计思考过程是先将各因素叠加，做加法；然后做权重判断，厘清、取舍，从矛盾缠身中抽身做减法，所谓大道至简；最后再做加法。如同写作，先有文字的啰嗦和堆砌，再有文字的提炼、惜字如金一样，从宏观、中观、微观、再宏观的思考路径可以使我们减少犯错的机会，并使设计概念能够一以贯之。

好的设计是最简单、有逻辑和最丰富的；是最理性和最感性的。

简单而不简陋、简约而不简单是功力；而将各种矛盾以最为简单的方式巧妙地一次化解，则是化境。

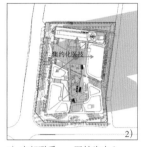

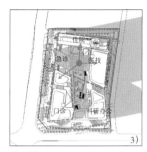

1) 外部联系——中心设置　　2) 内部联系——医技为中心　　3) 功能分区

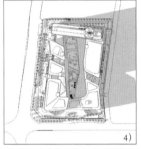

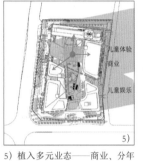

4) 加入连廊使儿童活动区域脱离　　5) 植入多元业态——商业、分年龄段娱乐、体验　　6) 集约、平台与共享

**案例1：深圳市第二儿童医院（方案）**

建筑师：谷　建、褚正隆
　　　　王　青、何　源、潘　洁

围棋占空法则的运用
——金角银边草肚皮

1500床的医院，40000m² 狭小的用地，
26万 m² 的建设规模，35%绿地率。

借鉴城市综合体高强度开发的设计经验，
以围合式综合体模式，在日趋紧张的城
市用地条件下，高层化发展高效利用土
地，同时提高建筑贴线率，最大限度地
利用中央有限的土地资源打造景观环境，
提升就医空间品质。

首层架空，适应南方气候特点的同时为
交通流线设计留出充足空间，并将一部
分医疗功能入地，结合下沉式庭院空间
改善内区环境。中部围合出的中心景观
区，结合各层间活动休闲平台，创造出
个性化的儿童医院和有特色的分年龄组
候诊、活动、医学教育模式。

医疗综合体——不沉的泰坦尼克，儿童
健康的诺亚方舟

医疗共享空间

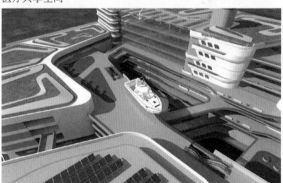

休闲共享空间

绿色共享空间

**案例2：佛山市妇女儿童医院**

建筑沿边布置，适应钻石型不规则用地，最大化利用空间。

建筑群照顾不同方向的城市界面，没有主次之别。

门诊大厅——水平、垂直交通中枢，融合商业设施。

东侧步行、西侧车行，聚合到交通中枢。

专科中心化门诊序列——城市节奏与韵律。

内向中心庭院，可享受、可使用。

健康人群、患者分离。

内部交通干线。

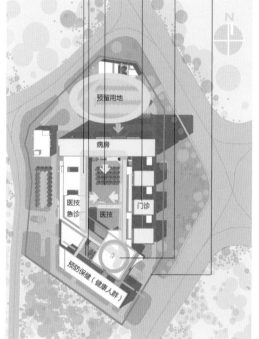

**围棋占空法则的运用——金角银边草肚皮**

1000 床的医院，床均建筑面积 45m² 狭小的不规则用地呈钻石型，被各个方向的道路环绕，以及 19 万 m² 的建设规模，给设计带来挑战。

设计着眼于用地利用率的最大化、建筑群体对城市的呼应及医院自身的功能逻辑。

沿周边布置建筑并共享中心花园成为方案的解答。

"围城"照顾了城市的各个方向及周边的不规则道路，最大限度利用土地且不产生建筑的"背面"；中心花园成为可观赏、可使用的"绿肺"，降低城市热岛效应的影响；内围合的交通主线使复杂形体的建筑简单、可识别；"绿肺"对周边建筑的挤压产生小进深的功能单元，改善了通风采光条件。

未来实体医院的诊断设备
我们现在身处 IT 时代，目光所至，却是一个 AI 的新世界

## 1.7　医学科技与医院的未来

"预测帝"章鱼保罗（2008—2010）

不要崇拜哥，哥只是个传说

对于未来，我们有多远的想象力？

我们在承接设计任务时，"上帝"经常会要求医院项目设计 50 年不落后。听罢，除了对我辈的无能痛心疾首以外，剩下的就是对"上帝"的顶礼膜拜了，因为只有真正的上帝才知道 50 年以后的样子。

不是我们想象力缺乏，是这个世界变化快，谁知道我们的未来前路上还能遇到几位乔布斯呢？至少对于当下的我们，对"上帝"的要求，就只好托梦给章鱼保罗了。

按世界卫生组织（WHO）所述，健康不仅为疾病或羸弱之消除，而系身心与社交的完全健康状态，包含了肌体与精神层面，从概念上强调"大健康"，从功能上也进一步拓展，强调从"治"到"防"，医疗领域的聚焦点也从医疗（Healthcare）本身转到健康（Health）层面，以实现治病与预防的结合。医疗的功能目标也随之拓展为一体化的医疗服务以及与促进健康的功能相结合，服务模式也更注重持续护理与人群健康的协调统一，这已成为国际上的一种趋势。达成目标的主体不仅仅是医院，而是以体系化和网络化的形式，涵盖了各层级的医疗机构、研究机构和社区，相互间分工协作，美国已对医疗机构进行了多达 10 类的细分。

为应对医生的短缺，给患者提供及时、有效的医疗与预防的服务，与之对应，云医院已开始兴起。在美国，已有 6 万名医生开始在线上进行医疗服务，远程医疗已得到政府和保险公司的支持。

远程会诊连接了医院、患者和全世界

脚踏实地过后，让我们仰望一下星空。

可穿戴设备成为人的随身健康保镖和家庭医生

3D 打印人体零配件及建筑

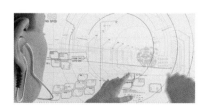

未来将是 AI 的世界，建筑师的未来何在

目前打印生物可降解支架的试验已取得成功，人间"保罗"、Google 工程总监 Ray Kurzweil 在过去 30 年对未来预测的准确率超过 86%。5 年前，他预测到 2020 年可实现：人体基因测序、人体再编程重组；互联网、大数据及掌握自然语言的智能超级计算机人机互动；完全沉浸式并引入触觉的交互虚拟环境；进入 3D 打印的黄金时代。看似这是一个触手可及的未来。若这种预测成真，展现在我们面前的将是这样的图景：未来，医疗将变成"信息技术"、互联网、立体化沉浸式的远程虚拟现实，使与全球医学专家的远程互动、问诊号脉、提供足不出户的基础自我诊断成为可能；物联网配送药品；3D 打印和生物技术使器官移植开源且快速。

至少在目前，我们已经看到了这样的端倪：可穿戴设备像家庭医生成为贴身的医疗保镖，剑桥大学开发的手机软件已可以追踪体内条件的变化，并检测 HIV、TB、疟疾、糖尿病和肾病。Google 和 Novartis 已经宣布共同开发可以检测血糖状况的隐形眼镜，不出 5 年，隐形眼镜将可以通过眼内液体的成分检测身体的健康状况；在不远的将来，只要把 DNA 芯片放在坐便器内，就可以通过排泄物排查癌细胞。IBM 与 Nuance 合作开发 Watson 医疗分析系统，它可以收集所有的信息，包括相关研究成果、药物和诊断方法，从数以百万计的医学期刊、临床试验以及医疗证据治疗建议中得到答案，做出诊断结论并开处方。Jonathan Rothberg 开发的 3D 实时动态的 MRI 只有手提箱大小，今后或许可与手机连通。在治疗方面，可以通过电子信号控制动作的仿生的人体器官、四肢，仿生肌肉纤维，通过 3D 打印将成为现实，并且可以通过干细胞作为原料，避免移植后的排异反应。通过脑芯片移植实现人工智能；护理则借助于机器人实现。

或许，我们还可以让自己的脑洞再打开一些。

未来人类的医疗活动更多的是在医院外进行，全身可穿戴设备裹身，如同变形金刚一般武装到牙齿，负责自身的"故障检测"，线下的检验将不复存在；医生成为自由职业者，在线上的云医院进行诊断及基本的治疗。未来物理意义上的线下医院则由三部分组成：大型、专门化的医疗设备的组装体；3D 打印器官工厂和运用基因、克隆和干细胞技术的生物技术实验室，类似于人体 4S 店，在这里修理和更换零配件，小规模、标准化、拼装式的模块组合是这类建筑的特点，以适应针对不同疾病治疗的医疗设备的增减，这里只有生物学家和技师。似乎第一代被诟病的治病的工厂似的医院又回归了，但医学模式早已远离了机械医学模式，来到了信息化和高科技的未来世界。

我们已经为医生、生物学家和技师规划了未来，将来"360+"行里将不再有护士这个职业，他们的工作将被智能机器人取代。未来线下医院的功能需求或由医疗设备供应商来主导，由他们来决定 4S 店的功能构成，建造则交由 3D 打印公司完成。

还有设计吗？医疗设备生产商已为设备提供了模块化的建筑，不过是一个有空间的"包装盒"，至于模块组合及连接，似乎人工智能可以做得更快速、准确，出方案也更多、更快。似乎建筑师变身程序应用和操作员更靠谱。虽然我们现在仍身处 IT 时代，但已经开始有了回望的空间。朝前看，权且当回"保罗"并大胆预测一把，未来将是 AI（Artificial Intelligence 人工智能）的世界，一个影响到每一个人的崭新的世界。

是时候考虑一下作为建筑师的职业未来了。

儿童医院模拟就诊体验

患者在进入医院范围内的时候都会马上收到一则由医院电子服务中心发送来的消息：
"您好！欢迎来到儿童医院！请问有什么可以帮到您？"

病患可以通过短信回复想要挂号的门诊，例如："我想要去看神经内科。"信息中心将会回复："已帮您挂号成功！预计半小时后张医生将在一号大楼三层神经内科五诊室为您服务！"

一位护士会主动上前："您好王女士，您孩子的诊室已经准备好了，张医生马上将会为您服务！请先在我的平板计算机上签字，确认您的预约！"

"我们在一楼大厅设有咖啡厅，在等候的时间您可以享用免费的咖啡和点心！您的患者信息终端显示您可以放心食用适量的咖啡与点心！"

她将会收到由医院电子服务中心发送的另外一条短信："王女士您好，通过儿童医院APP，您已将您的支付宝账号绑定到您的医院账号，因此您可以省去冗长的挂号付费手续，请直接按短信提示就诊！"

张医生出现在计算机显示屏上。"您好！我是张医生。您感觉如何？我已经可以看到您的检验结果。"

当有儿童患者需要住院时，患者病房内的大型显示屏会有娱乐项目、教育咨询、医疗记录、诊断报告、测试结果、预约时间、服药记录、输液记录和消费记录，患者还可以通过显示屏呼叫护士与医生交流，查看菜单并订餐等。

胡小朋友想要询问医生手腕伤势，于是他通过显示屏呼叫了医生。医生通过计算机开了新的电子处方并通知了网上药房进行更新，同时胡小朋友的患者信息平台也进行了更新。

通过一个远程终端，张同学从国外的专家那里得到了关于他健康状况的不同意见。张同学通过电子显示屏，在他的房间中和国外专家开始了一场电子咨询。

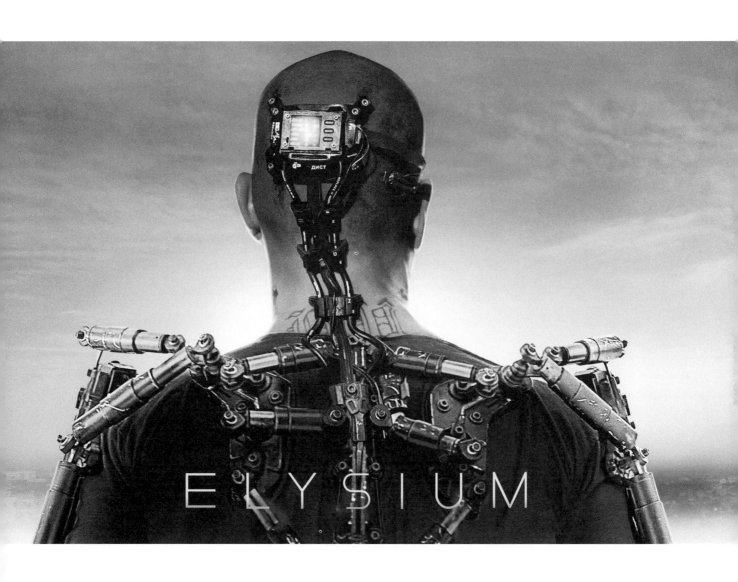

ELYSIUM

武装到了牙齿的人类

可以轻易地活下来，
没有排队等候、传统方式的就医奔波，
医患和谐，
尽享全球医疗资源的极乐世界。

## 1.8　中国医院的弯道超车

因为互联网，医院的发展追赶上了工业革命的步伐，也让中国的现代医院之路浓缩在短短的 30 多年里实现了快速的跨代和追赶。

几年前，温州医科大学第一附属医院以"零排队"的管理创新获得了"亚洲医院管理金奖"，这个"零排队"是充分利用现代信息技术手段实现的，如自助机、网络、手机软件、支付宝、微信等多种预约形式及患者就诊卡预存资金等方式，取消医院的挂号、收费环节，取消窗口。互联网也改变了患者就诊的动线，在就诊效率、管理效率方面实现了质的飞跃。其实并不是不排队，只是从线下转到了线上，由于互联网提供了无数一对一的窗口，挂号厅被无限放大了。如今，近千平方米的大厅空空荡荡，像国画中的留白，更像是颁给他们管理创新的硕大勋章。医院的尝试令人敬佩，他们是第一个吃螃蟹的人，获奖也属实至名归。

如今，互联网与医院，如同手机与我们一般离不开，其对医院的贡献首先是使医疗资源走出了医院，扩展到更广阔的空间，跨科室、跨医院、跨城市、跨国界，医联体和远程医疗提升了医疗的整体水准，白求恩们不再需要不远万里。

在医院内部，互联网通过 HIS、LIS、RIS、OA、PACS 等实现数据与影像的传输，连通了临床、医院管理及后勤管理。网络也连接了患者和医院，医疗服务从居家的预约挂号、线上咨询分诊；到医院内的等候、院内导航、诊断检查，甚至住院点餐、娱乐、支付；再到回家后的随访提醒，涵盖了在医院内的所有体验，而不仅仅是就诊过程，重要的是将就诊过程前置及后延，并扩展到医院围墙之外；借助远程医疗，互联网医院、掌上医院也应运而生；最为重要的是，医疗服务终于走入"基层"，来到了患者的身边而不是相反。

中国人已迅速成为这个地球上对智能手机开发利用最为充分、也是最为依赖的人群。
我国手机普及率已达到 94.5%，智能手机普及率在 2015 年也已超过 70%。

物联网已使医院后勤达到区域的协同与资源共享，建立了社会化服务的平台，基于这个平台，药品配送中心使医院实现药品零库存；还有跨医院的区域洗衣中心、垃圾焚烧和处理中心、区域检验中心、区域影像中心和区域的中心供应等，医院的围墙被推倒，医院自循环和封闭的小社会模式已成为过去，社会化协作的新模式已经开启。苏州科技城医院在设计之初就取消了洗衣房和中心供应，而是依托于城市后勤保障中心。医院七项建设内容中的部分后勤保障和医技的内容已发生了变化，这些变化得益于 10 年前就开始了的医院信息化建设，得益于医院院长们的远见卓识。

"要致富，先修路"，这句改革开放初期的口号如葵花宝典般被实实在在地应用到了医院跨代的信息化高速路的建设上，尽管它将会使传统设计的医院产生更多的空间留白。

中国人已迅速成为这个地球上对智能手机开发利用最为充分、也是最为依赖的人群，源于东方民族在科技应用方面根植于血脉中特有的天赋。或许我们在科技创新方面还不具备优势，但有了互联网、有了智能手机，我们便以对"+"特有的热情、敏锐和智慧，迅速地在这个平台上"+"上了 QQ、微信、支付宝、ofo……使手机成为一个无所不能的随身移动终端，尤其在移动支付领域，独步世界、没有之一。

有了与世界同步起跑的直道，中国已开始习惯在各个领域弯道超车，发挥出后发优势甚至后发先至。医院设计也是如此，在与国外同行的合作与交流中发现，在设计理论、概念创新、设计手法、技术运用和材料运用上，我们已经有了更多的共同语言、话题、共识和相互补充，更多的平等、尊重，成为真正的伙伴。这与中国现在的世界角色相类似，中国开始有实力、更自信地担负大国角色，并与传统大国构建新型大国关系。所以，我们不必妄自菲薄。

与一步一个脚印、经历了所有发展阶段和过程的老牌帝国不同，后发也有根基不稳的劣势，就是各方面发展的不同步，其间的问题会对整体均衡协调发展产生掣肘。在医院设计方面，我们存在的问题也还很多，我们更多的是在借鉴和跟随前方的脚步。缺乏前期策划和理论研究造成注重短期行为和效益、忽视长远战略和建设的盲目性和随意性；忽视医院的自身文化、特点和地域性以及片面追求规模，忽视内涵造成文化失语、建筑失根的千院一面；以及对功能和细节的忽视等。我们需要提升的地方还有很多，中国理念、中国设计还未站在高处。所有的理念和口号都需要扎根在理性和细致的土地上，都需要踏踏实实地落地。我们还没有盲目自信的资本。

中国的医院设计还未实现弯道超车，但领跑者就在不远的地方。

互联网给了医院设计 4.0 一个平台和远处的风景，也让我们现有的许多知识和认知进了故纸堆。医院设计正面临迭代升级的战略窗口期，我们需要借鉴和跟随，但更需要突破传统的固有思维，以中国的创新思维迭代升级医院设计，我们需要弯道超车。

共享单车、移动支付、高铁……
中国在许多方面已后发先至，实现了弯道超车。

各种颜色的共享单车已充斥了城市的街道，已很少见到骑自备自行车的人，医院的自行车停车场已从医院转移到人行道上。这是互联网时代带来的改变。

医院的非机动车配置指标是否该做个调整以适应这种变化？
医院的设计和管理范围是否该冲出边界，为城市和骑行者们找到合理的出路呢？

# 第 2 章　为医院设计找个老师

CHAPTER 2　LOOK FOR A TEACHER FOR HOSPITAL DESIGN

对不同人群动线分层管理且形成渠化交通垂直交
通作为层与层之间的转换连接空间共享，互通、
交融，成为建筑"客厅"

阿布扎比国际机场枢纽

建筑设计：KPF

对不同人群动线分层管理且形成渠化交通垂直交
通作为层与层之间的转换连接空间共享，互通、
交融，成为建筑"客厅"

## 2.1 为什么是交通枢纽

由于医学的进步、科技含量的提升，现代医院变得日趋庞大，系统也愈加繁复。我们似乎可以在医院里找到多种建筑类型的身影：被现代科技武装到牙齿的手术室、影像中心、中心供应似乎很像工业建筑；检验科流水线、病理科可以看到实验建筑的特征；诊室，特别是适应医生多点执业的开放诊室，类似于出租办公室；病房则类似于酒店，看到的有天上地下跑的各种物流，看不见的有各种信息传递。

其他类型建筑　　　　　　　　　　　医院建筑

现代手术室由一堆高科技设备组成，达·芬奇手术的机械臂，颇有工业化生产线的意思，只不过躺在生产线上的是人。

检验科、病理科就是实验室。

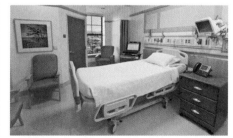

酒店客房与病房共有的居住属性，都具有私密性和居家感的要求。除了设施差别外，就是使用者活动能力的差异。

办公室与诊室有差别吗？特别是未来"出租型"诊室，墙上挂的"画"（观片灯）不同而已。

源于工业分拣线的医院物流产品，物流辊筒采用高分子材料静音设计，产品品质及外观更贴近民用产品的需求。

每一类建筑都有其自身的逻辑、流程和规律，医院建筑就是诸多建筑类型与科技的集成。由于与生命相关，使得我们在设计时需关照并整合各种逻辑、善待每一个细节。我们常说的医院"三大流"：人流、物流和信息流，似乎每一种"流"都是一个繁杂的系统，比如人流，就有患者、医护人员及辅助工作人员、进修、学生、访问探视者、健康者、亚健康者、普通患者、感染患者之别；物流则有洁净、清洁和污染物品，有运输有回收有丢弃；信息的数据、文本、图像的存储、传输、调取、计算与识别，服务于临床、管理和后勤。似乎所有这些都需要各行其道、互不交叉和干扰。当然还有车流，静态的和动态的，各种机动车：私家车、各类公共交通、急救车、货运车辆；包括共享单车等非机动车。

医院建筑说到根上，就是处理各种人、车、物、信息，理顺并整合好各种关系，才能做到"流程短捷、安全高效、分区分流"。

这是一个关于"交通"的问题。医院建筑其实就是一个复杂的"交通建筑"。

建筑综合体因其建筑的功能复合，成为最接近现代生活方式的建筑业态，建筑的类型也因此而变得具有更多的包容性和城市性特征，商业综合体、文化综合体等以一种功能为主、兼容其他功能于一身的巨无霸综合形态的建筑，正在改变着城市的面貌和我们的生活。

建筑综合体的生命力在于集成，以及集成后所产生的一站式服务的模式以及带来的用户体验。所谓的现代生活，按我的理解，就是有序的快节奏 + 有品的慢生活。这种"快"与"慢"、效率与休闲的组合和节奏的变化，才是丰富的生活，作为群居动物属性的人，其需求的多元化使单调、单一的功能性建筑已走入死胡同。同样，城市交通枢纽就是现代社会和现代城市的产物，所具备的功能优先、效率优先、以人为本的优势已得到社会认可和广泛共识。

反观医疗建筑，至少在目前的大多数医院，医疗活动似乎仍是它眼睛里的唯一，因此往往以自闭的方式表现出某种程度上的孤芳自赏、自恋和不合群，尽管都在大谈"以人为本"，但本质却变异为"以人体为本"，人的情感、体验、社会性被忽视。其实，医院与交通枢纽同样具有公共属性，有着共同的追求和相同的逻辑，对功能、效率、便利、用户体验、集约有同样的要求，对更高的效率、服务标准和服务能力有共同的追求，几无二致。

以往，我们一直在用功能流程的革新来追求医院建筑的功能效率，强调更"快"；用科技含量来表现医疗水平的更"高"；用多学科联合的方式表达医疗救治能力的更"强"，医院之间的竞赛毕竟不同于体育竞技，医疗活动不是我们在医院内的全部。让奥林匹克运动"更高更快更强"的宗旨指引我们的医疗救治，让医院的生活回归城市，让生活有品质，让生活慢下来。

从促进医疗与康复的角度，患者在医院内保持社会感存在会大有益处，医疗活动不再单纯为治病，而是为健康，是"人"的社会活动的一部分，现代医院的功能组成和服务也与时俱进，有了很大的拓展，功能集成化、活动多元化改变了现代医院设计，包括吃喝购物、健康教育咨询、志愿者服务，钢琴进入了医院，医院生活开始丰富并热闹起来。台湾的医院会有整层的商业楼层，甚至与商业建筑合体，中国人民解放军总医院的门诊楼也拿出整层的地下空间建设美食街，医疗综合体已然形成。

**中国人民解放军总医院门诊楼 B2 餐饮层**

餐饮进入医院逐渐成为现代医院的标配，但诸如此类的人性化服务内容在现行医院建设标准中难以找到依据，社会餐饮进入新建公立医院需要寻找面积的出路。

如何在如此复杂的建筑中抽丝剥茧？我们需要从先行者中寻找老师。

面对共同的社会生活，面对共同的未来，交通枢纽可以给医院很多启发，我们也应该从中学到些什么。

英国泰晤士河口机场方案

建筑设计：Foster+Partners

如同交通枢纽需各类交通工具、人的动线；静态及动态交通一样，医院建筑面对的是人流、车流、物流和信息流，每一种"流"都是一个繁杂的系统，需理顺并整合好各种关系，做到"流程短捷、安全高效、分区分流"，似乎更为复杂。

因此，医院建筑其实就是一个复杂的"交通建筑"。

## 2.2 拜师学艺

经常出差也经常遇到晚点，这时的等候相当无奈，更是无聊，于是这段碎片时间就被用来感受和体验这些连接了我的旅途两端的交通枢纽了。

戴着医疗建筑设计的有色眼镜，会不自觉地把体验的评价点放在功能设置、效率和便利度上，好在这些交通枢纽的功能配置都很丰富，信息变更也随时随地，等候也就变得自在和休闲。在这些交通枢纽里，还是偏爱上海虹桥交通枢纽，尽管规模有些过于庞大；印象最深的则是彩虹桥。从有无托运行李开始了人的分流，起点就是彩虹桥，彩虹桥的尽头是一个像吸盘的垂直交通中枢，将所有人吞入；又在不同楼层，将去往出发、停车楼、地铁、高铁、出租站点的人群悉数吐出。

作为一个旅行者，行走在交通枢纽里，你会发现似乎所有的主功能设计，从流程到布局、从空间到细节，处处在刷着效率的存在感，为"快"而存在的理性、单纯、节奏化的元素，甚至可以说是单调的程式化、模式化的设计，在宣泄着效率优先的主张的同时，展现着建筑"硬功能"的"肌肉"；与此同时，为"慢"而存在的"软功能"，诸如座椅、商业设施、饰品甚至广告始终在相伴相随。"硬"托着"软"，"软"衬着"硬"，这种"软硬兼施"的和谐反倒使得"硬功能"更硬、"软功能"更软。

走近交通枢纽，于是发现，可学之处还真的挺多。

上海虹桥交通枢纽

首尔大学盆塘医院交通组织

（1）机动车进出均为单向渠化设计。

（2）行进车道与上落客车道分离，保证通行效率。

（3）落客紧邻入口，并设置步行安全区域。

（4）急诊及救护车设置独立交通路径——绿色通道。

（5）入口环状交通，方便落客后车辆回转及进入地下车库；环线保证了出租车排队长度。

（6）利用高差分设门诊、急诊、住院及货运出入口。

（7）足够长的雨篷。

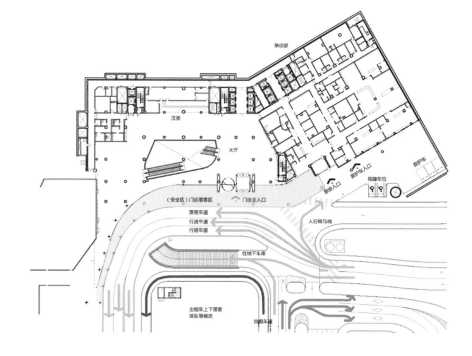

上海浦东国际机场入口

机场标准化的办理柜台

手机软件已将部分挂号柜台搬出了医院，医院内的柜台部分得到了分散。
是否还可进一步，将其挪到单元化诊区，由护士站承担挂号、收费和打印病历。

杭州萧山机场 T3 航站楼商业空间连接体

### 2.2.1　交通组织

（1）与城市无缝接驳的交通：交通枢纽本身容纳了多种形式的城市公共交通，相互之间实现无缝衔接，为拖着行李的乘客带来便利。我们的城市交通始终在为"打通最后一公里"而努力，在汽车占据优先路权，于是天桥与地道出现了，共享单车出现了。无缝接驳并应享有优先的路权似乎也应成为医院交通设计的目标，因为这里的"乘客"拖着的是"病体"，目标是为了便利。

（2）从入口开始的人车分离：不仅是人车分流，而且是区域限定后人车的隔离，区域限定后人车的汇聚点从上客和落客点开始，目标是为了安全。

（3）多点的单向渠化：出发与到达分楼层的设置，使得人流、车流呈单向渠化的走向；雨篷够宽能容纳足够多的车道以保证快出，长度足够满足多车同时上落客；简单而标准化的多路径入口，直接连通中央功能大厅（候车大厅、办理大厅），是为了效率。

简单、标准化、程式化、单向化，并将路径优化到最短、最直接，才能实现效率优先的目标。

反观有些医院建筑往往设置人车"交融"的院前广场，动辄近百米，将医院建筑与城市街道、公共交通生生割裂，这段灰色地带就是患者与医院的距离，也割裂了两者之间的关系，多么不人道的设计、多么糟糕的初次体验！为什么？是退界需要？急救需要？城市景观需要？交通疏散需要？还是医院承载了城市地标的角色，需要给城市一张"脸"并让人们在进入之前有一种仪式感？或许是设计师想得太多，或许是什么都没想，其实什么都无须想，我们只是需要拉近人与医院的距离，让这里变得更简单、更有秩序和更有效率。

### 2.2.2　中央功能大厅

这里是交通枢纽的核心所在并兼容了多元的活动内容，机械与温情并存。

标准单元化的功能单元，整齐划一，体现秩序与逻辑，这里拒绝个性，一切为可识别和效率，机械而冰冷；商业空间是这里有色彩和产生温度的所在，在大部分交通枢纽中，商业空间让位于主功能，它们往往偏于一隅或填空般夹杂在主功能区之间。如同美女从练操的阵列前走过，虽不抢风头，但总能吸引众人目光，从而成为焦点。前段时间去杭州出差，杭州萧山机场扩建的 T3 航站楼让我颇有这种感觉，出发层新旧部分的衔接是由一个漂亮的商业空间作为节点来完成的，这个"美女"是站在队列里的，会有什么效应，你懂的。功能大厅后面的流程又回归到效率优先，单调而机械的标准单元连接了各个功能末端。

诚然，医院的功能及使用过程较之交通枢纽更复杂，复杂在进入和离开之间的过程，因为复杂的医疗活动产生了大量无规则的科室间穿梭，使得动线复杂且混乱，大型及超大型医院尤甚。笔者曾经做过一个简单的比较，将一个 500 床的医院放大一倍并使用统一的柱网和同样的看病流程来模拟 1000 床的规模，发现行走距离并不是 2 倍的差别，而是 2.4 倍，医院规模越大，交通路径更是以几何数量级增长。因此，对于大型及超大型医院，优化中间使用过程的交通路径就显得尤其重要。

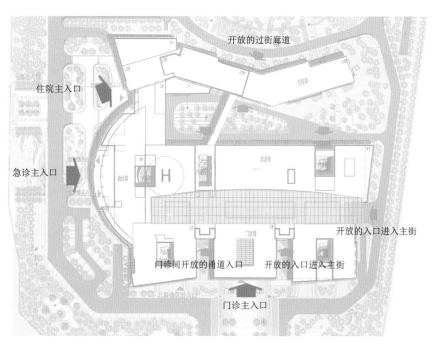

昆明医科大学第一附属医院呈贡医院

开放的建筑
可以从各个方位的开放空间进入建筑内部，并通过垂直交通到达目的科室
表达了建筑的公共性和开放性

门诊模块间开放的花园甬道

传统的医院设计思路以医技为核心，"王"字形布局串联了门急诊和住院区域并以线型交通相互联络，将复杂的动线汇集到医技区域，从而决定了建筑整体功能布局和人流动线。这种经典模式无疑对于中小型医院十分耐用，对于大型医院则不然。线型交通虽规范了路径，但串联的方式也使得路径延长，并杜绝了点到点的直线"捷径"的选择，降低了就诊效率。

对于大型医院而言，一站式的单元化诊区融合了门诊科室与必要的医技科室，以及集检验标本采集与收费于一身的多功能护士站，这无疑简化了路径和流程、减少了医疗行为中的科室间穿梭；再延伸一步，如果将多个单元化诊区的"点"形成并联的方式，并分列线型交通的两侧，并加宽中间的交通"线"而成为交通的"面"，允许在此"面"中自由选择并产生最简洁的动线，同时在其中结合商业功能及医疗公共服务（挂号、标本采集、取药、收费等）的内容，"硬功能"为交通、"软功能"改变气氛并消纳等候的碎片时间，使之成为功能复合的中央功能大厅，这就成为交通枢纽中央大厅的模式。

集约化的多功能中央大厅将平面动线压缩在一个可控的范围内，同时中央大厅又成为垂直交通的中枢，作为楼层功能的"换乘大厅"，并连接了进出这样的前后两端，简单连接实现了更高的效率和可读性，区域的限定即是动线的限定，这是交通枢纽给大型医院的启示。

先进的物流及信息化系统使集约化的多功能中央大厅在功能设置上可以完全取代门诊大厅，同时可以使医疗动线缩短。把优化的医疗过程看作一个刨去分析，就剩下了进入—医疗过程—离开的闭环流程。既然这里是一个放大了的多功能大厅，进出便也可以一并解决。集约化的多功能中央大厅的作用在于，一是改变线型交通的方式而为多元立体交通，二来简化了功能布局，也就简化了医疗活动的过程。更重要的一点在于，患者直接进入了主要的功能区。

优化动线在于优化流程；优化流程在于集约化功能！

在学科日益融合、协同的今天，在物流技术、信息化产生巨大科技进步的当下，医技得以重新布局，或分散或整合，我们是否还需要保持医技部的独立完整？医技是否仍然是串联门急诊、病房的医院布局核心？个人以为，对于大型及超大型医院而言，当以多功能中央大厅为核心，门急诊医技病房以融合的模式围绕其并联展开，以其位置确定人流动线。

### 2.2.3 标准单元模块化

标准单元的作用是将功能分组、分类、集成，并产生逻辑性和动线的区域限定，这是将庞大的建筑简单化和逻辑化的方式，并将所有的功能向分组及单元化、易识别、可移动、可互换、可生长的方向发展。标准化不仅在于功能的标准化，还在于形成的人流路径和动线的标准化。门诊单元的模块化已在设计中得到了普遍应用，目前设计的趋势已不限于门诊，包括单元化手术部、病区的模块化护理组等，庞大的建筑最后按照不同的模块组拼装组合，类似于乐高玩具的组合方式。标准单元的模块化不仅会使得医院更简单、更有逻辑、效率更高，同时也会减少医疗行为中产生错误的机会，医疗安全会进一步提高。医院建筑的分解并以更多的标准单元模块化重新组合，无疑是未来医院建筑的设计发展方向。

建筑的建造革新也在依循同样的路径，以往的装配式建筑往往存在于简单功能和小模块的集成；人力成本的日益增高、BIM设计手段、医院建筑的集成单元模块化，带来了医院复杂集成模块的工厂化生产及装配式建造的可能性。

技术革命催化了设计的变革，设计的变革带来建造的革新，从而促进产业的革命，几次工业革命对建筑的创新驱动莫不如此。

### 2.2.4 布局平台化

交通枢纽或按动线目标（出发、到达），或按交通模式（地铁、高铁、航空、公交），将功能划分在不同的楼层，形成功能化平台，类似CAD的图层管理，各回各家、各找各妈。同层平台空间大到足够容纳和满足相关的所有活动，水平交通保障了可靠性并使目标人群的基本活动范围清晰并被界定了，实现了分区分流。所以交通枢纽多以较少的楼层、水平舒展的形态出现。

现代医院信息技术和物流科技的运用，使医院功能科室间得以建立一对多和多对多的联系，综合医院的七项功能构成内容的壁垒得以打散、拆分重组以实现新的功能集成，特别是临床科室与医技科室之间的重构，功能布局可以按功能矩阵关系和动线频度，在关联度最高且联系相对单一、单向的科室间形成"功能包"并布置在同层"平台"，依赖水平交通从而提升医疗效率。诸如产科单元与超声检查、心血管与介入治疗的组合、抢救功能单元组合的"超热层"、护理层、物流层等。

### 2.2.5 平台立体化

交通枢纽恨不得都是地下比地上层数还要多，特别是兼容了深埋层的地铁。立体化的优势，一是在于提升了土地利用强度，二是在于立体化使垂直交通成为连接平台间的主要交通模式。交通枢纽集成了多种交通方式，不同交通体系的布局决定了转换效率，换乘设计是关键。

多年前偶乘地铁，对北京13号线与2号线的换乘记忆犹新，走在几百米长的转换廊道上，真想给这个设计师跪下，从此就远离了地铁。后来又体了一次10号线的换乘，发现了不同，不同点在于换乘由"廊"改成"厅"了，这种变化不在于空间大小的变化，关键在于由过去的水平连接变成了垂直连接，问题迎刃而解。

医院建筑的分区分流被更为重视，但似乎较之交通枢纽，功能活动似乎要复杂得多，因为除了"平台内部"之间的功能联系之外，"平台"间的交叉也颇为频繁且不可避免。除了按功能类型及关联度安排同层"平台"的内容及功能组合集成外，还需要依据功能关联度的矩阵关系，建立不同"平台"间的垂直联系，形成多平台间的关联"图层"。联络不同"平台"的垂直交通依然作为节点化的形态而存在，使联络路径最为直接和有效。

就交通方式的可靠性和效率而言，水平交通无疑更具保障性，但对于大型及超大型医院来说，其"平台"间的"换乘"效率却难以保证，垂直交通的优势在于，楼层间垂直联系的路径、距离、占用空间及速度优势都是水平交通难以企及的，只要垂直交通体的数量足够。按40~50米/分钟的步行速度，垂直交通的间距控制在50m之内的混合交通模式无疑兼顾了效率和保障性的平衡。

·以医技为核心
·串联式布局方式
·线型水平交通为主
·分散式点状垂直交通
·独立功能区设置
·适合大中型医院

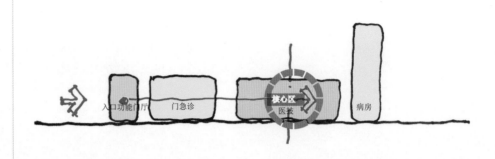

以医技为核心的串联式医院布局方式

·以共享医技为核心
·并联式竖向切割布局方式
·线型水平交通为主
·分散式点状垂直交通
·放射状独立分中心设置
·中心点式共享功能区
·适合用地较宽松的大型医院及医疗中心

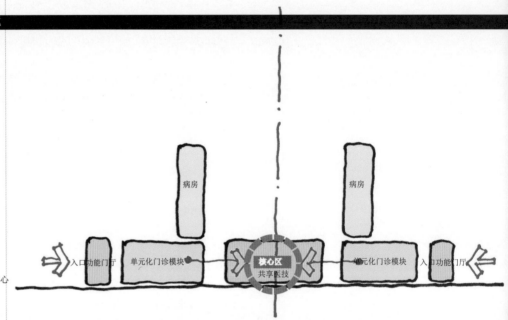

以共享医技为核心的并联式分中心医院布局方式

·以中央综合大厅为核心
·并联式复合型切割功能区布局方式
·平台型水平交通
·"换乘厅"式垂直交通
·集约共享型功能组设置
·线型中轴共享功能区
·适合用地狭小的大型医院

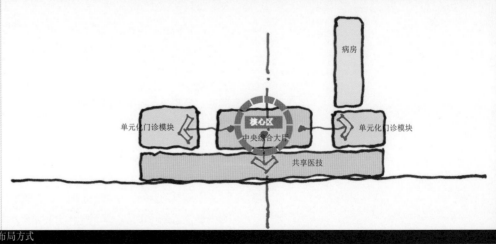

以中央综合大厅为核心的平台型医院布局方式

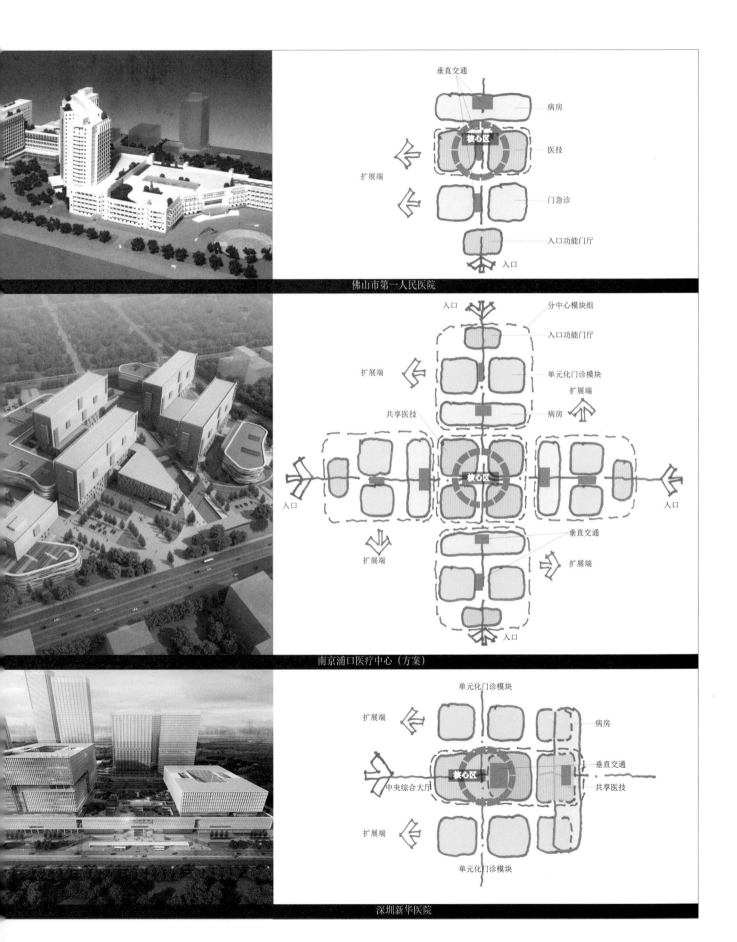

垂直交通
病房
核心区
医技
扩展端
门急诊
入口功能门厅
入口

佛山市第一人民医院

入口
分中心模块组
入口功能门厅
扩展端
单元化门诊模块
扩展端
共享医技
病房
入口
核心区
入口
垂直交通
扩展端
扩展端
入口

南京浦口医疗中心（方案）

单元化门诊模块
扩展端
病房
核心区
垂直交通
中央综合大厅
共享医技
扩展端
单元化门诊模块

深圳新华医院

交通枢纽还集成了众多的物流系统，浮在表面的只有乘客，以及乘客需直接面对的服务设施，其余的都作为后台消失了，这使得交通枢纽看起来十分简单。物流系统和信息技术在医院的应用，同样可以将部分医技科室变成"后台"从而隐身。立体化也使空间得到了充分的利用。

物流作为物品的交通，与人、车的交通一样，好的交通枢纽设计，就是将所有的交通渠化，各行其道、立体化、管道化，凡此种种，目标就是直接、专门化和缩短路径。

对于功能内容更加复杂的医院而言，地下潜力巨大，物流、停车、交通组织、商业，乃至部分医疗功能都可以在地下找寻其价值所在，垂直交通和水平交通的组合式交通系统，犹如立体的城市街道网络，可以使繁杂的医院建筑变得井井有条。有如东京，拥挤的现代都市是一座由地面、空中和地下组成的立体城市，地面留给了城市。

而医院建筑的上天入地就是与周边建筑产生了可能的联系、就是衔接了城市。

有一点不可忽视，尽管电梯的发明使建筑的高度越来越高、城市空间被往上延伸，但医院建筑却不是无限向上的合适对象。电梯的运行效率与建筑高度成几何级的反比，垂直交通效率的优先考虑要素在于与地面联络的效率，无论是从地下还是地上。高层医院带来一系列的问题，诸如疗愈环境、安全性、交通及医疗效率、避难疏散；水平交通的不足不仅影响医疗效率，更会降低垂直交通的效率。

因此，水平化？垂直化？这是一个需综合权衡的思考题。

宽大、扁平、立体化应是适宜的城市化现代医院所采用的策略。

### 2.2.6　融于城市的综合化

交通枢纽除承载了多种交通形式，另外其综合表现在功能的复合上，综合了其他的城市功能，并与城市环境的紧密契合达到与城市生活的无缝衔接。多元化业态的植入提供了活动的多样性，包括商业、餐饮、书店等，使用户产生全新不同的体验。明显的城市公共属性——建筑空间与周围城市空间无缝融合，表现出更高的开放性和公共性，成为城市综合体的一种类型。设计思考的范围因此也不仅仅局限在解决其自身交通功能主体上，而是通过其解决更多的城市问题。

同样作为公共建筑，同样提供公共服务，医院也开始表现出更多的综合性和开放性，医疗综合体使医院更像城市的一部分、市民生活的一部分。国外有很多医院的公共空间与周围的商业、公共交通设施和酒店等做到了无缝衔接。

诚然，与交通枢纽不同，医院有其特殊性，不是任何空间都适合并应该开放，但至少在目前，医院封闭的围墙已经被拆除；星巴克和钢琴已进入医院；医院的入口已经更多，表现出应有的开放的姿态；医院的人群已不再仅仅是患者和白衣天使。

休斯敦全美最大的私人医院 Methodist

Methodist 的中庭空间与星级酒店无异，成为医院的"客厅"。
医院通过走廊连通了相邻的 Marriott 酒店。

瑞典哥德堡车站
态的多元化植入，融合了城市功能

## 合体 (HOPSCA)

法国拉德芳斯综合体

德国索尼中心综合体

北京三里屯综合体

### 城市综合体 (HOPSCA)

酒店 (Hotel)
办公 (Office)
停车 (Park)
购物 (Shoppingmall)
会议 (Convention)
公寓 (Apartment)

→

### 医疗综合体 (HERBS)

医院 (Hospital)
娱乐 (Entertainment)
研究 (Research)
商业 (Business)
学习 (Study)

一个院区 → 一所医院 → 一种功能

⬇

一座建筑 → 一座医院 → 一个城市综合体

## 医疗综合体 (HERBS)

医院 (Hospital)

+

娱乐 (Entertainment)

+

研究 (Research)

+

商业 (Business)

+

学习 (Study)

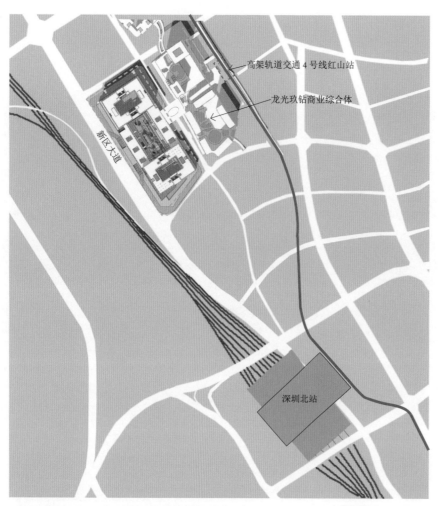

高架轨道交通 4 号线红山站

龙光玖钻商业综合体

新区大道

深圳北站

深圳新华医院

建筑师：　谷　建、何　源、王　青、王　辰
　　　　　尚文昊、张　楠、李　藤
合作方：　深圳壹创国际设计股份有限公司
室内设计：李长胜

2500 床，日门诊量 12500 人次，530000m²，床均建筑面积仅 26m²/ 床。
一座借鉴城市交通综合体形态、与城市融合的开放的医院

深圳新华医院中央办理大厅

建筑内核的多功能复合大厅，集挂号登记、收费、取药、样本采集、功能检查、餐饮等功能于一体，类似于城市交通综合体的形态。
患者经由首层架空空间、二层城市平台空间、B1落客空间多方向聚集于此，直接进入医院的内核空间。此处成为大型医院的"中转换乘空间"，
能去往医院的各个目的地。

云南省人民医院新昆华医院护士站中型箱式物流站点

### 2.2.7　复杂系统简易化

复杂系统是具有中等数目基于局部信息做出行动的智能性、自适应性主体的系统。复杂系统中的个体一般来讲具有一定的智能性，例如组织中的细胞、股市中的股民、城市交通系统中的司机，这些个体都可以根据自身所处的部分环境通过自己的规则进行智能的判断或决策。抛开 Alpha Go 等人工智能不说，我们可以将有人类参与的系统称为复杂系统。

而整个医院动线系统中，人流和车流均为复杂系统，设计师们在做动线设计的时候会以一些基础模型作为依据，模型中的参数包括：建筑规模、医院等级、当地的人口数量、单日人流及车流的吞吐量预测、建筑的未来预期等，但是建筑物内部人们的行为，往往是没有办法预判的。

物流系统，相对于人流与车流而言，因其行为的可控性与可预测性，且模型相对简单，模型参数又比较容易统计分析，故可以通过其对人流和车流系统进行修正与优化。以空间和时间相对性的角度切入，合理的物流系统设计能够缩短空间的距离、减少物资流动的时间以及降低人流动线的复杂性。如果尝试突破现有思维模式的话，不难发现人与物之间的位移或运动是相对的而非绝对的，物流系统能够将原来人动物静的复杂系统，转换为人静物动的简单系统，对人流动线的优化有积极的作用。

以中型箱式物流系统为例，高效率、大载重、模块化的设计，使之能够有效融入医院建筑，并将各个空间进行有效连接，缩短了空间与时间的距离。高度的适应性，使之能够用于传输药品、耗材、输液、器械、消毒物品、被服、餐食等医院 95% 以上的物资。在优化整体动线的同时，还有降低人工成本、减少物品交叉感染风险等附加用途。

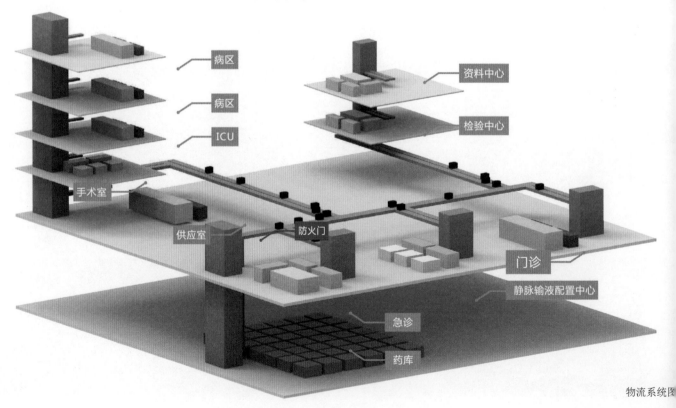

物流系统图

2.2.8 导视定位数字编码化

交通枢纽的标准单元模块化带来了功能的同质和标准化，不仅产生了功能互换的便利，也带来了导视指引数字编码的便利，数字编码化导视系统在方位辨识及快速指引方面优势明显。诚然，交通枢纽由于信息的单一，数字编码导视的条件更为充分，医院的信息则复杂得多。其实，患者在使用导视系统时，迫切要了解的信息是去往目的地的路径，目标科室名称则为其次。

如果你在航站楼手握一张布满各种信息的登机牌，你就会发现只有登机口等少量信息被重点标注提醒，其余信息则显得不那么重要，所要做的事就是通过导视寻路系统到达目标地。交通枢纽的导视定位数字编码化系统因为省略了过程中的大量不必要信息，所以变得简单、高效、明确。

医院导视系统为什么不?

我们在寻路过程中看到的信息大多是无关和不必要的，大量无效信息堆满了指路牌，我们需要停步仔细阅读并剥离冗余信息，从而判断路径的正确与否。

我们在佛山市妇女儿童医院项目上以导视定位数字编码化的概念吃了第一个螃蟹，这种尝试可以说在国内外的医院中绝无仅有。尽管项目还在建设过程中，应用效果有待检验，但医院领导开放的心态、敢为人先的勇气，使我们深受鼓舞。

登机牌上诸多信息在使用伊始，只有少量信息需要被重点关注

大量无效信息堆满了指路牌，我们需要停步仔细阅读并剥离冗余信息，从而判断路径的正确与否

北京首都机场 T3 航站楼的导视寻路系统

数字编码系统使不同方向的路径指引变得简单、高效、明确

## 2.3　最大的敌人是惯性思维

鸟笼逻辑

鸟笼般的惯性思维禁锢了我们的思想和创造力

挂一个漂亮的鸟笼在房间里最显眼的地方，过不了几天，主人一定会做出下面两个选择之一：把鸟笼扔掉，或者买一只鸟回来放在鸟笼里。这就是鸟笼逻辑。过程很简单，因为只要有人走进房间看到鸟笼，就会忍不住问："鸟呢？是不是死了？"当你回答："我从来都没有养过鸟。"人们又会问："那么，你要一个鸟笼干什么？"最后你不得不在两个选择中二选一，因为这比无休止的解释要容易得多。鸟笼逻辑的原因很简单：人们绝大部分的时候是采取惯性思维的。但是惯性思维成就不了乔布斯。

美国德州 A&M 大学 Kirk Hamilton 教授提出循证设计（Evidence-Based Design，EBD），强调设计需要通过数据统计，以科学化的研究来佐证。在感染控制、效率、安全性和隐私保护等方面的研究为设计寻找依据。可以注意到，循证设计在项目设置上的核心是"人"，我们很多时候大唱"以人为本"，却最容易在考虑问题时把"人"抛在脑后。从经验角度发现问题，从患者角度解答问题。

其实，循证设计的过程就是一个突破惯性思维的过程，因为凡事都将问号放在前面。在与医院方进行问题沟通和探讨时，双方经常会陷入沟通瓶颈，如同鸡对鸭讲。在没有实证支撑的情况下，惯性思维成为唯一的证据，更多的时候这些惯性思维并不代表真理和站在先进的一边，这使我们落入陈旧经验的窠臼。

固有的东西是很难打破的，因为需要挑战自认为的常识，需要对固有知识设问，需要腾空头脑中的"规范"，需要逆向思维。这其实是在挑战自己。

惯性思维充斥着我们的医院设计，已成为设计创新突破最大的障碍，成为我们最大的敌人！

惯性思维指引的设计是从院前广场的交通组织开始的，进入建筑，这种惯性思维同样存在。

医院的门诊大厅是就诊流程的发起点和终结点，往往是作为功能枢纽和交通枢纽而存在的，包括挂号、收费、取药、咨询、等候、交通，因此成为人流的聚集点，特别是就诊高峰时间，如潮的各路、各种疾病患者汇聚于此，使得医院像个被扎紧了口的麻袋，所以门诊就必须是"大"厅，见过一张用鱼眼镜头才能拍摄出全景的大厅照片，大、高且空旷，无功能分区限定，上班时像菜市场，下班时可以跑马，这种尺度的空间让人无法停留！等到人流从医院散去时，"大"厅又被闲置而造成空间的利用率不高。要避免先聚后散、空间利用不均衡、不充分的状况，或许可以借鉴交通枢纽，将大厅由"点"变"线"，多入口、分散多点办理；将"线"深入功能区纵深，并丰富其内容设置，这是交通枢纽带来的启示。对于人手一部移动终端、习惯于预约、自助的患者，我们的设计可以改变。

德国柏林 Unfallklinik Marzahn 医院医疗街
阳光下的医院"客厅"

法国蓬皮杜医院医疗街
支持多种活动的复合性空间

几个月前去北京朝阳医院发现，偌大的门诊大厅仅留有 6 个人工窗口，取而代之的是一排自助挂号及信息查询的机器，取药也以开放柜台的方式随到随取，这是信息化和物流系统所带来的改变，大厅真的不再需要大。那么对于既有医院建筑的"大厅利用，不妨将商业引入，变身为"客厅"，一来将医院的气氛从"头"改变，二来让医院建筑的每个空间都能产生效益。

"医院街"已然成为医院设计的一剂包治百病的神药，似乎无关乎医院的规模、功能组成模式，也无关乎医院街自身的功能内容、活动设置、空间形态、尺度。诚然，医院街概念自国外引进以来，遭到热捧，自有其价值和存在的理由，至少有一点，作为医院内部交通网络分级的第一级，它控制了交通主线并明晰了功能脉络，然而大部分医院所谓的"医院街"的作用仅此而已。即是"街"而不是"走廊"或"通道"，功能、活动设置及空间气氛就不应该如此简单和单一。医院街应该是一个功能复合的多元空间，除了交通主线和功能脉络的作用外，还应该是医疗空间外的轻性空间，是一条"街"，就应该有更多的活动内容和特别的气氛。大型医院因为更加复杂的诊疗活动，降低了就诊效率，并产生了更多等候的"碎片时间"，医院街的价值才能凸显。放眼全国，最没有商业属性的"街"恐怕就是北京的平安大街，中间宽阔的机动车道路隔绝了两侧的店铺，狭窄而缺乏宽度变化的人行道、单调的空间，使人无法驻足。

我们还可以再进一步思考，将门诊大厅与医院街合二为一，变身为"中央综合大厅"。信息系统和物流传输为这样的改变提供了可能。医院的中枢或神经元不再是门诊大厅或医院街，而是中央综合大厅。因为其位置往往居于建筑的"脊椎"，并与周边各功能区域通过作为"神经线"的次级交通相联系，所以物流和信息系统可以实现并支撑多个前台，并与后台分离。将挂号收费、取药、样本采集等活动纳入扩大的医院街，将这些医疗活动产生的候诊碎片时间与商业休闲结合。无论是区位、空间地位还是功能配置，以及需要的空间气氛，都与候机、候车大厅何其相似，为什么不可以将机场或高铁车站的等候大厅移植过来呢？

手机软件提供了导航、预约和叫号提醒，因此中央综合大厅的商业服务也可以成为等候空间的一部分，在医疗空间中嵌入的医院街，设置诸如咖啡快餐、茶座和商业零售等商业空间，可以将无聊、焦躁的候诊"碎片时间"转化成休闲活动，在改善医院冰冷气氛的同时，增加了商业价值。

因此，能留住人是关键，空间气氛、空间形态和尺度、内容设置都应该围绕其展开，其形态应该是线与面的结合，线满足交通效率，面则提供人的停留空间，产生聚集，甚至可以容纳一些社会活动；室外广场似的铺装、路灯、植物、遮阳伞，还有钢琴会彻底改变医院街以及整个医院的气氛，成为受欢迎的医院"客厅"。

现在医院的床均建筑面积有如中国的房价急剧飙升，医院越做越大，其中有合理成分，也有非理性贪大的因素。对于医院的空间规模，有些是建设标准滞后，该涨，有些则该降。如功能模式、设备配置的变化、商业空间、停车空间、区域检验中心、病理中心、影像中心、区域中心供应的设置等，面积该涨；区域协同后的社会化服务对医院某些功能的改变，如洗衣房、药库等，面积该降。

另外，还需关注医改，分级诊疗后不同医院诊量的变化对面积的影响。德国医院的指标除了床均建筑面积外，还有一个以立方米为单位的重要指标，就是空间体积，两个指标的综合评价，才更为科学。我们使用的是三维的空间，而非二维的楼面。空间是可以利用的，特别是物流系统，物流对功能的影响会带来楼面面积的节省，也能产生功能价值，仓储式物流系统就是个例证。其实，利用垂直空间建设，在物流建筑、停车建筑里已成为常态，但医院建筑对空间的利用仅停留在停车库的层面。德国医院的床均建筑面积只有 80m²/ 床，除了医疗体系、就诊模式、诊量，以及物流系统运用的差异外，平面设计的精细度、三维空间利用也起到很大的作用。

医院似乎也需要来一次"限购"了。

可以设问和需要探讨的问题还有很多。不墨守成规，不偏执己见，我们需要突破惯性思维。

创新设计就是不走寻常路。

加拿大多伦多医院医疗街

室外元素使空间具有亲密接触自然的意象

以用户之名
# IN THE NAME OF CUSTOMERS

## 2.4  以用户之名

南丁格尔曾指出"自然能够治病，我们必须借助自然的力量"。自然园林景观的"治愈力"，和现代医疗一起，共同促进病人早日康复。

在西方发达国家，这一概念得到广泛推广。罗杰·S·伍尔瑞克对美国宾夕法尼亚的保罗纪念医院的环境对病人的影响进行了长达10年的研究，他的研究表明，如果病人可以从他们的窗户看到室外园林中的树木，比他们直接看到砖墙需要的药品减少30%，而康复度提高30%。

圣经里说，人最重要的有三点：信任（Faith）、关爱（Love）和希望（Hope）。或许患者在医院的停留时间里，对这三点尤其渴望。

刘易斯·托马斯在《最年轻的科学——观察医学的札记》中写道："医学在发展进步的同时，付出了非常巨大的代价，即医疗方式的非人性化，医生和病人之间的亲密关系一去不复返。"医院提供的是一种服务，是第三产业的属性，使用者就是医院的"用户"。现代医学在科学和科技方面取得巨大进步的同时，却在逐步变冷。好在所有的医院管理者、医院设计者以及整个社会，对于"以人为本"的观念已达成高度共识。

美国《健康设施管理》杂志和美国医院协会医疗工程会在2016年的调查随机抽样，共有200多家医院参与其中，调查表明，患者体验在美医疗机构中越来越被重视，超过86%的调查受访者表示患者满意度在医疗机构和服务体系的设计中"非常重要"，12%的受访者认为"比较重要"，认为"一点都不重要"的比例为0。

良好的用户体验，产生的不仅仅是医院的"温度"，更是"疗愈环境"。好的体验会对促进康复起到积极作用，反之亦然。从设计角度，我们确实应该为此多做点什么，改善用户体验，让医院重新温暖起来。

如何改善用户体验，先要了解用户需求。

马斯洛"人的需求金字塔"的 6 个层级已经从生理、心理、社会三个方面给出了答案，自底至顶分别是：生理需要、安全需要、相属关系和爱的需要、尊重需要、自我实现需要、学习与美学需要。如果医疗建筑从用户体验的角度与之相对应，生理层面同样是最根本和最基础的需求。生理层面包括功能需要和安全需要；心理层面包括交往与环境需要及尊重需要；社会层面则包括社会融合需要及回归社会需要。

用户体验是一个系统，涵盖了整个就医过程，不仅仅是建筑的室内设计，更不是局部空间的体验，而是整体建筑，确切地说，是整个医院，从抵达医院的边界开始。用户体验，人是主体、行为是诱因、感受是结果；整体是体验、细节也是体验。有诊疗行为的过程才有对行为本身的感受及周遭环境的体验，是动态的，而不是对静态空间的体味。所以说，用户体验是一部连续的"电影"，从"主角"抵达医院开始，有故事、有人物、有场景、有细节，而不是进入建筑内部后的一帧帧放映的幻灯片。

以静止的效果图画面定方案是一件多么糟糕的事，没有过程行为的"因"，"果"就毫无说服力，这个"果"只是告诉了我们空间的面貌，仅此而已。

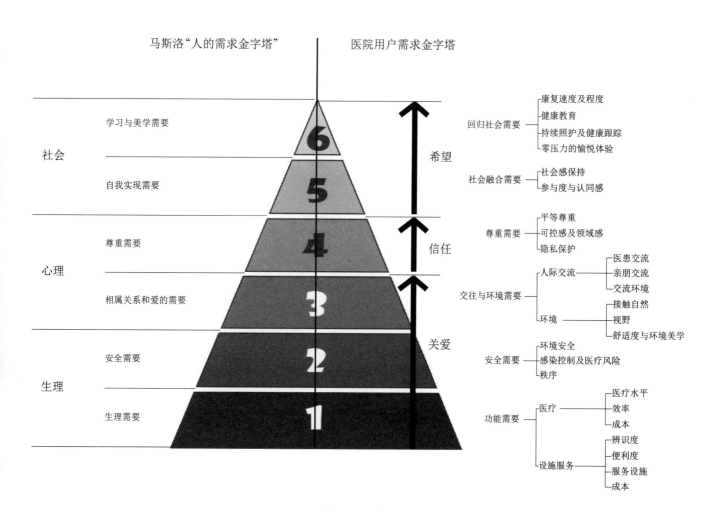

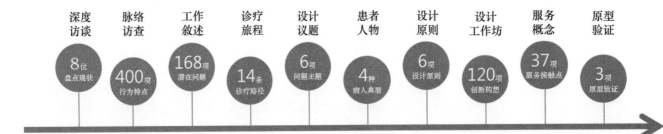

| 深度访谈 | 脉络访查 | 工作叙述 | 诊疗旅程 | 设计议题 | 患者人物 | 设计原则 | 设计工作坊 | 服务概念 | 原型验证 |
|---|---|---|---|---|---|---|---|---|---|
| 8位 盘点现状 | 400项 行为特点 | 168项 潜在问题 | 14条 诊疗路径 | 6项 问题主题 | 4种 病人典型 | 6项 设计原则 | 120项 创新构想 | 37项 服务接触点 | 3项 原型验证 |

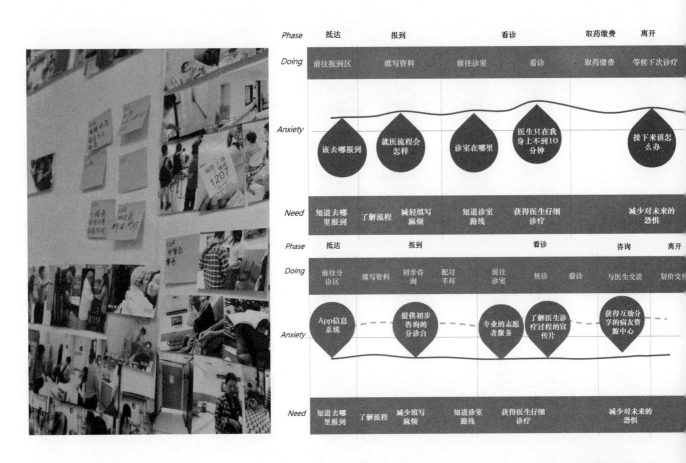

| Phase | 抵达 | 报到 | | 看诊 | | 取药缴费 | 离开 |
|---|---|---|---|---|---|---|---|
| Doing | 前往报到区 | 填写资料 | 前往诊室 | 看诊 | | 取药缴费 | 等候下次诊疗 |
| Anxiety | 该去哪里报到 | 就医流程会怎样 | 诊室在哪里 | 医生只在我身上不到10分钟 | | | 接下来该怎么办 |
| Need | 知道去哪里报到 | 了解流程 | 减轻填写麻烦 | 知道诊室路线 | 获得医生仔细诊疗 | | 减少对未来的恐惧 |

| Phase | 抵达 | 报到 | | | 看诊 | | 咨询 | 离开 |
|---|---|---|---|---|---|---|---|---|
| Doing | 前往分诊区 | 填写资料 | 初步咨询 | 配对手环 | 前往诊室 | 候诊 | 看诊 | 与医生交谈 划价交费 |
| Anxiety | App信息系统 | | 提供初步咨询的分诊台 | | 专业的志愿者服务 | 了解医生诊疗过程的宣传片 | 获得互助分享的病友资源中心 | |
| Need | 知道去哪里报到 | 了解流程 | 减少填写麻烦 | 知道诊室路线 | 获得医生仔细诊疗 | | | 减少对未来的恐惧 |

**台湾大学癌症中心**

以剧情引导方式与使用者沟通其需求，以真实经验参与，探讨医疗活动与原型空间的相互关系，进而发展出团队成员满意的空间。
这种沟通方式使得空间、流程和设备设施的规划设计、服务人员的训练，都朝着使用者的体验感受最大化和最正面的方向去执行。

图片来源：刘佩玲教授

把医院的室内设计叫作"装修设计"是不确切的，在我看来，所谓"装修"更多对应的是软装，虽有功能元素在其中，但更多的是视觉美学范畴的东西。室内设计则是一个更大的范畴，功能设计元素是其重点之一。对于医院建筑而言，功能无处不在，室内设计应是建筑设计的关联部分，是建筑设计的延伸，而不是一个孤立的系统。

认为疗愈环境就是室内空间、就是"装修设计"，这是很多人在认识上的误区。比如，我们现在重视引入自然光和自然环境，并认为这是改善疗愈环境的重要手段，这就不是仅仅靠"装修设计"能解决的。

把建筑设计和室内设计分离开，把室内切割成一个个碎片化的独立空间来进行设计，是很难实现系统化思维的，除非纯粹把用户当观众，在看完一个空间之后拉幕更换布景，但这不是体验。

设计师需要从设计的角色跳出来，做个身份转换。从用户的角度和视野，以系统化思维和功能整体的观点出发，以医疗过程为主线进行设计。这里既包括患者的就医过程，也包括医护人员的诊疗过程，达到两者的兼顾、平衡和兼容。简而言之，设计需要以用户的名义。

如同住宅设计希望创造和引领生活方式一样，医疗建筑也应该在充分了解使用者的需求之上，以设计的力量创造使用过程的完美体验，引领健康和正面的使用方式。台湾大学肿瘤医院的设计提供了很有价值的借鉴，设计师与管理团队以一种剧情引导方式（Scenario-Based Design）与使用者沟通其需求的方法，将使用过程的人、境、物、事串成故事脚本，引导使用者与专家组成的团队以真实经验参与，探讨医疗活动与原型空间的相互关系，进而发展出团队成员满意的空间，用 BIM 形成可视化的成果，用 VR 技术进行分析研究，将结果转化为具体的设计。从医患沟通、检查项目选择、检查执行、报告执行及治疗、后续追踪，都与"用户"互动，医疗服务提供的是整体规划服务而不光是诊断和治疗，这种沟通方式使得空间、流程和设备设施的规划、服务人员的训练，都朝着使用者的体验感受最大化和最正面的方向去执行。

Janet R. Carpmam 和 Myron A. Grant 写的《Design That Cares》中认为患者对医院产生的信任感是从还没进入医院开始的，为此，他举了个例子：患者在马路上是否能看到建筑的入口，很清晰地知道自己的目的地，进入建筑后马上能感受到被接待的气氛，患者对医院的好感和信任感就初步建立了。这里虽然描述的是患者进入医院初始的行为、心理预期，以及好的体验所能带来的效应，我们从中可以看出所对应的设计内容：医院建筑的各个入口位置，在城市道路上是否清晰可辨？从入口到建筑的路径、交通组织设计，是否合理、互不交叉？标识引导系统是否简单明了、清晰有效？入口处落客、停车、轮椅服务、步行区的设计，进入门厅后的咨询台、接待台、分诊护士站的位置，是否方便观察并能快速服务？还有入口空间的设施、空间、尺度、气氛等。

以过程为线索、需求为导向而进行设计分析和优化，使得用户体验的改善有了依据。患者希望自己是 VIP、用户渴望零压力的环境和愉悦的用户体验，这也是设计的目标。

我们很少对空间的功能要素进行细致分析，什么空间效率是第一位的、要快，什么

韩国首尔大学盆塘医院 VIP 区域注册区

网约及手机软件等多种挂号渠道，已使现场挂号人数大为减少，一把座椅的细节关爱，产生的温暖或许能带来的是信任。"以用户之名"的设计不会再重复"人民的名义"里信访办的窗口产生的冷漠。

韩国首尔大学盆塘医院 VIP 区域候诊区

与注册区不同，等候时间、交流需要程度的不同，产生了不同的座椅摆放方式，形成社会离心空间和社会向心空间的差异。这对使用者也是一种心理暗示。

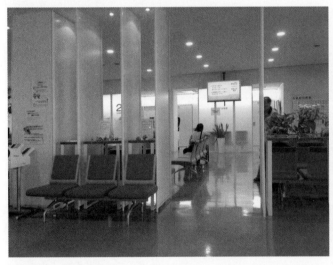

日本崎阜心血管病院门厅

不大的门厅，却被划分为不同的功能区，一切的流程都被安排得井井有条。

美国麻省总医院 Yawkey Center 候诊区

围合的座椅和独立座椅，适应不同的等候需要；台灯的局部照明方便阅读，也产生了家的氛围。

阳光对患者满意度的影响（对抑郁症患者的调查）
资料来源：Journal of Affective Disorder

| 患者满意度调查的平均值（从低至高 1—100） | | |
| --- | --- | --- |
| | 从无到较少的阳光 | 从中度到充足的阳光 |
| 睡眠表现 | 80.78 | 92.35 |
| 活动水平 | 51.79 | 69.23 |
| 压力控制 | 35.46 | 48.84 |
| 对疼痛的耐受度 | 56.34 | 61.96 |
| 满足感 | 67.78 | 74.26 |
| 回归意愿 | 89.60 | 93.09 |

阳光对用户的促进作用（一个为期超过 2 年的调查）
资料来源：Journal of Affective Disorder

| 调查问题 | 患者 | 医护人员 |
| --- | --- | --- |
| 讨厌阳光 | 2% | 62% |
| 阳光是令人愉悦的 | 91% | 31% |
| 阳光是令人安宁的 | 92% | 35% |
| 阳光是有影响的 | 1% | 26% |

空间要慢、需要停留，怎样才能停留下来，空间形态和气氛应该怎样，家具要如何摆放等，设计都需要在功能介入的前提下才能产生。

个人的领域感和隐私保护在医疗资源不足的中国医院往往被漠视，管理是部分原因，但最大的原因在于资源不足。资源决定了供求关系，供求关系决定了意识形态，同样设置的一米线，在机场、银行和医院会有不同的结果。

在医院设计中，领域感和隐私保护应该得到重视和改善，因为人是需要尊严的，患者需要，医护人员同样需要。设计也可以为这方面的改善做出努力，互联网与手机软件为设计提供了可能。我们可以通过手机软件分流患者，使空间资源得到释放；我们可以改变座椅的排布方式；我们可以在候诊空间里设置不同的功能角，给不同意愿的患者更多的自由和更多的选择；对于需要私密性的科室，诸如皮肤科、生殖中心等，尽管设计会充分考虑其位置和细节，但有时尴尬仍难以避免。比如集中的等候空间、电子叫号的 LED 显示屏上显示的姓名、诊室门口二次候诊的显示屏，个人隐私在这种公共场合被一再提示，使这些原本提升效率和管理的措施，却产生了无意之过，犹如明星遇到了狗仔队，虽无奈却又避之不及，手机软件似乎可以做得更贴心。

保持用户的社会存在感和参与度也非常重要。医院是一种公共建筑，现代医院同时也是一个社会，用户不应该在医院里与社会脱离，同时，增强患者的参与度也有利于在医患间建立良好的沟通并产生信任。患者的压力部分来自于领域感的丧失、无法与医护人员沟通、丧失知情权，这会让患者感觉不可控，压力自然就来了。社会离心空间和社会向心空间的概念在座椅排布上就可以看出，如取药等候空间，座椅成行排列，因为在那里人们不希望进行亲密交往；餐饮座椅则是社会向心空间的表达，医院等候空间的座椅排列不应该是单一的模式。此外，商业空间等功能的多元化植入、室外设计元素在医院公共空间的运用、社会化的社区活动及志愿者服务的纳入、飘香的咖啡、动听的钢琴，都是为维持在医院环境中的社会感、创造领域感并降低压力感而存在的。

医院是为患者服务的，在这里，患者理应被视作上帝，他们应该得到关爱。

韩国三星江北医院

志愿者服务使医院成为一个充满欢乐和愉悦的社会。保持医院的社会化属性，鼓励用户参与，给用户向上的正面能量。

统计资料显示，病区里的责任护士一天中 40% 的时间是在行走，每天的最大行走距离达到 8044m。医院设计应该将阳光照耀到每一个人。

同样需要被关爱的还有被患者视作上帝的医护人员，他们是患者的希望。但他们也需要在自己的领域卸下神性的包袱，回归人性。还是提到自然光和自然环境，我们都知道自然光利于病人的康复，可以减少止痛剂的使用，缩短住院时间，促进维生素 D 的合成等。但是对于医护人员来说，自然光也尤为重要，尽管医护人员展现给我们的始终是坚强的面貌，但他们的生理和心理同样需要自然光，更需要被关爱的"阳光"投射到内心。从生理和心理层面，自然光可以减轻压力，提高效率，提升员工满意度。尤其是护士长时间要面对计算机显示屏、病历、医生处方以及药品包装上的文字等，容易产生用眼疲劳，自然光以及自然环境的引入可以缓解视疲劳，减少出错。良好的用户体验面对的是医院所有的使用者，无论患者还是医护人员都是医院的用户。

良好的用户体验是医院的另一种生产力，它不光提升了医院的温度，使关爱的阳光照耀到医院的所有使用者，还能促进患者与医护人员之间的信任，并提高医疗活动的效率、准确率和患者的康复度。

有关爱、有信任，希望就会在每个人心里。

## 2.5  回归城市

毋庸讳言，医疗健康服务是城市功能的重要组成部分，WHO 对健康的描述是不仅为疾病或羸弱之消除，而系身心与社交的完全健康状态，包含了肌体与精神层面。因此，这种健康服务，借用设计合同中经常出现的用词，意味着"包含但不限于"单一的疾病治疗。一个广义的大健康概念，意味着医疗机构服务概念的延伸、之间的协作与连接以及与城市的融合，而不是一座座独立的孤岛，意味着将一体化的持续护理与人群健康协调统一的医疗功能目标作为新的服务模式，意味着开放。

"延伸、协作与连接"使这些孤岛以体系化和网络化的形式，涵盖了各层级的医疗机构、研究机构和社区，紧密地联系在了一起并形成相互间的分工协作，以达到全过程的身心与社交的完全健康状态的目标，所以有了医联体、分级诊疗体系、医养的融合、转化医学、健康教育、咨询和跟踪等。

"延伸、协作与连接"实现了医疗服务与促进健康的功能的结合，并与城市产生了融合，一方面将"健康"延伸到城市的每一个角落，同时也使医疗机构成为城市肌体的有机组成部分。

从营造健康城市和健康城市建筑概念的角度看，医院建筑也是公共卫生、健康城市、安全城市与建筑学、城市规划等学科的深度融合和交叉点，通过城市规划、建筑和城市空间的设施、功能设置，改变人类的日常行为模式，促进城市人群的健康。WHO 在 2008 年发布的《City Leadership for Health》一书中定义了"健康的社会模型"，可以看出健康的社会模型中医疗设施与城市生活广泛地关联与融合。医疗设施的设计需要上升到城市层面，从行为、心理和环境入手，在城市设计的层面加强对城市健康的关注。

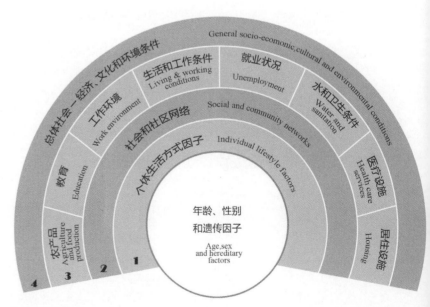

健康的社会模型

资料来源：WHO. City Leadership for Health：14

从经济分析的角度来看，医院无疑是一种昂贵的提供公共服务的建筑类型，按现行综合医院建设标准、并以 1000 床的综合医院为例，单床的用地 109m²、建筑面积 120m²，综合造价则达到近 100 万元。比较国家大剧院，其时由于折合每座 50 万元的造价而导致舆论哗然，对于建与不建争论不休，而大众对量大面广的医院建筑的建设确实表现出了对民生工程的某种宽容。从能耗来看，医院建筑又是能耗最大的一种建筑类型，按照美国 1982 年对各类建筑的能耗对比来看，医院建筑差不多是购物中心和酒店的 2.5 倍；这在能源价格不断上涨的今天尤其如此，德国一家拥有 600 张床位的医院 2008 年的平均能源费用高达 100 万欧元。从城市交通、市政资源的占用、资金、土地等来看，医院确实占用了大量的社会资源，回归和融入城市、回馈社会并为社会和城市带来广泛的附加价值，似乎并不过分。

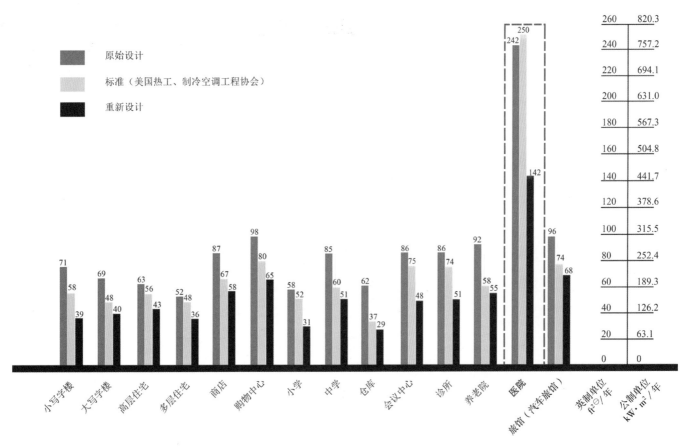

美国各类建筑能耗对比

⊖ 1ft² = 0.0929030m²

反观现在的医院，宗地退让红线让建筑的邻里关系冷漠而隔阂；圈上围墙，农耕意识让医院的范围成为自家的"自留地"。其实不仅是医院，我们的城市就是这样被一块块宗地切豆腐般弄成了碎片，缺乏城市设计；缺乏邻里沟通和融合；缺乏城市设施和资源的共享、借用与连通；缺乏城市文脉的承继与发展，城市呈现碎片化的状态。我们的城市医院不应该如此自闭和自私，医院建筑更不该如此。医院建筑既然是城市的一部分，是一种公共建筑，就不应该脱离城市的背景，对城市环境视而不见，而应该关心城市的利益。关爱城市，其实就是关爱医院自身。

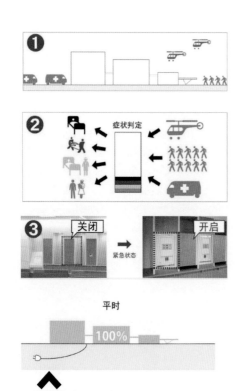

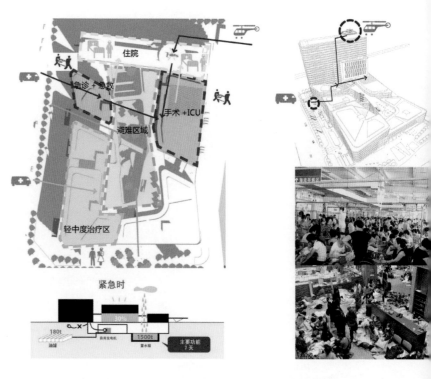

突发事件应急处置（深圳市第二儿童医院方案）

宽阔的院前场地以适应公共卫生突发事件大量患者的收容。
宽敞的停车位和入口通道以适应灾难发生时大量人员和车辆的
涌入。
急救门厅吊顶大量暗藏应急悬吊式设备接口、电源插口。
治疗筛选空间。
从治疗筛选空间向医疗空间移动动线单向化，防止混乱的发生。

城市避难场所设想（北京中关村生命医疗园修建性详细规划）

城市防灾避难公园——针对导致城市和建筑灾害的主要灾害源（地震、洪水、火
灾、地质破坏、爆炸、建设性破坏、工程质量致灾等）。
园区中心景观绿地作为紧急避难场所，配备紧急用电、用水、通信设施和应急简
易厕所。
园区交通干道结合绿化隔离带作为避难通道并储存挖掘工具，作为火灾隔离带。
设置应急避难场所标志和应急设施导向图标。

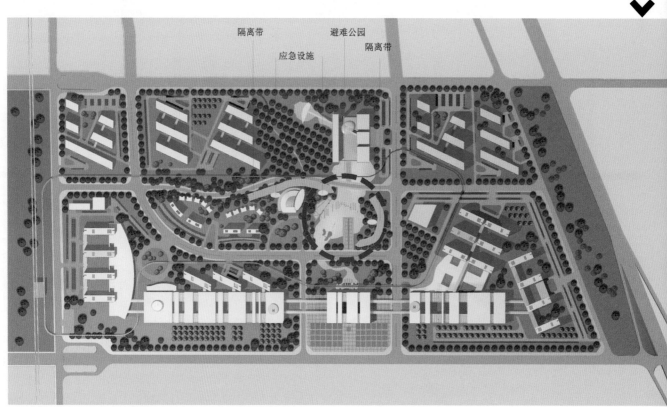

对于"融合"并回归了城市的医疗建筑需要表现足够的宽容度和开放度，医院不仅仅是达成城市"健康"的目标主体，更应该包罗万象，实现全过程的身心与社交的社会健康服务职能，犹如城市定位中的中心城市，需要通过自身的强大实现拉动周边、辐射区域的目标，规模越大、实力越强，其涵盖的职能、功能就越多、越广。

关注城市的医院设计正在被城市管理者和设计师纳入思考范围，开始出现的一些有城市良心的设计会做一些底层架空，照顾到与城市的关系，开放的院区花园、开放的错峰停车场库、开放的商业设施、开放的公共空间，大型医疗园区开始设置城市避难场所、城市轨道交通与大型医院的接驳等，一切都在往多功能化和共享方向努力。医院的开放在充分利用和共享城市设施的同时，也为城市和社会提供了附加值，同时，医院自身也完成了融入并回归城市的华丽转身，实现了自我救赎。

上海与深圳这两座一线城市正在考虑并实施城市慢行系统的计划，笔者设计的深圳新华医院，城市规划将附近的高架轨道4号线经由商业综合体的二层平台连通到医院，设计也就与此呼应，将医院部分底层架空，综合大厅设置在了二层，并在架空的花园底层空间设计了跨街区的慢行系统，环形步道和专有自行车健身道掩映在花园环境之中，希冀与未来的城市慢行系统形成衔接，而不至于使这座庞然大物成为未来健康城市的"血栓"或是"屏障"。

现代医院的其中一个健康目标是为社交，换言之，为病患的社会参与度，让医院空间不至于成为与社会脱节的功能单一的孤岛。这一点与商业综合体有相似之处，现代医院综合体（Medical Mall）里也包含了很多活动类型，将商业活动、餐饮休闲活动、社会交往与沟通以及健康教育等各种活动与诊断、检查和治疗等医疗行为和康复等要素良好地组织和衔接起来。这正是现代医院所具有的综合活动，使得其形态也在悄悄地发生变化。

有趣的是，在实体购物中心受到电商冲击而困难重重时，医疗保健机构正逆势而动，开始进入大型商业中心；在O2O使得传统商业的实体边界消失的今天，医院的边界也在发生变化，日本东京中城、新加坡诺维娜广场和百利宫购物中心、迪拜健康城已有这样的实例；国内北京、上海、成都等地也都在酝酿或实施医疗保健设施进入购物中心，包括月子中心、中医馆、美容整形中心、体检、专科诊所等。

大城市中心城区的医疗资源由于过度集中和造成城市交通压力过大而被广泛诟病，历史原因，北京东单一带在4~5km的范围内集中了5家大型医院，号称"医院一条街"，这个区域从来就是出租车避之不及的地方。京津冀一体化疏解城市功能的一个重要方面就是医疗机构的外迁，形成有机的城市。除了医院外迁，巨型城市的郊区正在建设医疗的巨无霸，以一线城市的号召力和人才资源吸引全球医疗资源，类似于美国德克萨斯医疗中心，如北京国际医疗城、上海新虹桥国际医学中心等，这些规模大至城市级别的项目功能更加复合，除了集聚顶级的综合医院和专科医院外，还包括Shopping Mall、五星级酒店、研发中心、护理学校，此外居住型生活设施及生活配套也是必不可少的，这种以特定产业为特征的多元功能提高了用地功能的混合度，"城镇化"的聚集包含了所有城市生活的内容，其本身就成为"健康城市"的一个分子。

回归了城市的医院还原了医院的公共建筑属性，它本就应该是开放的，而不应该是封闭的治病工厂。

迪拜拉希德医学中心（Rashid Medical Center,Dubai,UAE）

医学园区堪比一座城市，这里汇聚所有医教研的顶尖资源，提供高水准的一站式平台化医疗服务。正如美国德克萨斯医疗中心的口号：在这里没有看不了的病。

如同 shopping mall 之于传统商业，医学园提供整体健康服务而不仅仅是单一的医疗服务，并以整合了多元、多业态的城市功能为特点，形成上下游一体的产业链。

用地功能的高混合度产生了密切的居住生活与医疗活动的关联，形成完全"健康"的城市化生活，这种全新的医疗建设模式正在中国的大城市里兴起。

| 项目 | 用地（亩） | 总建筑面积（万 m²） | 功能 内容 | | | | | | | | | | | | | 停车方式 | 人群定位 | 绿色定位 | 政策定位 |
|---|---|---|---|---|---|---|---|---|---|---|---|---|---|---|---|---|---|---|---|
| | | | 综合医院 | 专科医院 | 共享功能区 | 研发中心 | 长期看护设施 | 康复设施 | 商业设施 | 酒店 | 别墅/公寓 | 医疗旅游 | 会议中心 | 教学培训 | 健康管理 | | | | |
| 上海新虹桥国际医学中心New HongQiao International Center, Shanghai, China | 600 | 70 | 3<br>上海华山医院<br>国际医院A<br>国际医院B | 5<br>美国MD Anderson肿瘤医院<br>慈弘妇儿医院<br>万科儿童医院<br>专科医院A<br>专科医院B | ○ | ○ | | | ○ | 1 | | | ○ | | | 地下停车为主 | 高端/国际标准 | 绿色、节能、低碳的园区 | 国家医改的试验项目 |
| 迪拜拉希德医学中心Rashid Medical Center, Dubai, UAE | 585 | 74.6 | 2<br>急救医院<br>康复医院<br>护理中心 | 3 | ○ | | ○ | ○ | ○<br>Shopping Mall | 2 | ○ | ○ | ○ | ○ | ○ | 停车楼 | 高端/国际标准 | 绿色、节能、低碳的园区 | 迪拜2020年世博会的关键项目 |
| 北京国际医疗中心（一期） | 3 796.85 | 296.08 | 3<br>协和医院<br>教学医院<br>中医院 | 6<br>肿瘤医院<br>康复医院<br>儿童医院<br>妇科医院<br>心血管专科医院<br>神经血管专科医院 | ○ | ○<br>产业研发<br>+<br>孵化器<br>+<br>国立研究院 | | ○ | | 5 | | | ○<br>医学院/护理学院 | ○ | | 停车楼+地下停车 | 高端/国际标准 | 绿色、节能、低碳的园区 | 医学产业城镇建设 |

北京协和医院青岛院区项目(规划及建筑概念方案)

建筑师：谷建、王蕾、褚正隆、潘洁、Edison Woo

生活辅助区：

酒店
公寓
商业、娱乐、餐饮

科研教学区：

循证医学中心、转化医学中心
学术交流中心、教学培训中心
科研研发中心

健康产业机构：

健康管理中心
健康研究中心

能源管理中心　　　　　基础医疗中心区　　　　　　　　康养中心区：

康复中心
CCRC 护理中心
VIP 疗养中心

## 2.6 功能矩阵的重构

从接触医院设计伊始，对于综合医院的七项功能内容这样的分类已深植在血脉中，规划设计时，我们也习惯地如同切豆腐般将各大功能区规划得井水不犯河水。十年前，参加现行版《综合医院建筑设计规范》审查会，看到曾有过 6 家不同医院建设管理经验、素有"管生不管养"之称的业界奇人王铁林院长，在倡导并首次纳入规范的"工艺设计"章节中将医院功能单元单列出临床科室一类，而不是我们习惯的门急诊、医技和病房时，以为只是基于医院管理背景下的习惯称谓，并未理解其深意，近来才似乎琢磨出点味儿来。

现代医院的功能主线是临床需求，而不是建筑师对门诊、医技、病房三块豆腐的切割，功能矩阵也是依循临床需求构成的功能链而挂在一个个链条上的，功能科室在链条上的位置依照的是功能流程需要和彼此的关联度。特别是在当下，由于物流技术和信息技术与医院建筑的深度融合，临床和医技科室以更自由的面貌被分解、重组。以临床为先导去进行功能设置，其意义即在于此。"医疗本身是一个有机体，现有分类将其割裂开来，多学科综合治疗（MDT）将医疗回归到有机体，回归到疾病本身"（王铁林语）。

医院建筑的集成突破了原有的单一科室概念，功能复合与叠加，达到功能的融合与协同。

医院学科设置的多寡，似乎与医疗水平与医学研究能力画等号，这多少有些道理，就好比大学本科做基础教育，类似全科，而硕士研究生则开始做方向性课题研究，再到博士、博士后，越来越细、越来越深，然后成为某一种疾病的专家，顶尖医院实力强大的一部分在于集中了一批各类专家；一部分在于"吃过很多的猪肉"且"看过很多的猪跑"。北京协和医院的三宝就是教授、图书馆和病案，表现出对于专家、研究以及整合能力的重视。

面对越来越复杂的疾病，传统模式的科室设置已逐渐感到力不从心了，原因很简单，因为人体本身就是以一个整体存在的，而不是摆在肉铺上的一个个器官，医疗资源需要被协同和整合起来加以面对。如同 NBA，即便由 5 位亿万富翁组成团队，没有协作，竞争力一定是低水平的，面对一个篮球需要富翁们的协同工作。所以，MDT形成了。

欧美发达国家采用 MDT 模式的医院已近 65%，越来越多的国内大型综合医院也已开始采用 MDT 的概念，以身体部位和疾病为导向的多中心的设置，改变了以往综合医院按诊疗手段和治疗对象划分临床科室功能的设置模式，形成新的重组。比如形成心脏血管疾病、耳鼻喉—头颈疾病、肾脏—泌尿生殖疾病、内分泌代谢疾病、疼痛疾病、儿童、甲状腺疾病、妇产乳腺疾病的组合等。这种学科联合产生的效果是显而易见的，以肿瘤 MDT 模式为例，肿瘤诊疗需多学科协作，包括手术治疗、放射治疗、化学治疗、内分泌治疗、分子靶向治疗，并融合了影像学检查、病理学检查和生化免疫指标检查，多学科综合治疗模式相比较传统诊疗模式，其预后生存率提高 14%、等候时间缩短近 50%、治疗费用也大大降低。MDT 改变了科室的组合关系，功能矩阵也开始发生变化。

治疗方法也在改变，微创技术的日渐成熟使日间诊疗逐渐开始唱主角，西方国家的日间诊疗已占到总医疗业务量的 70%，国内的顶端医院日间诊疗业务量占比也开始接近这个比例。综合医院建设标准和各医疗功能区面积比例将被改变。

功能矩阵重组产生的另一方面原因来自于对效率的追求，为医疗效率，也为患者的就医效率。单元化诊区不仅融合了关联度高的诊断与治疗，也将过程中必要的标本采集、收费、打印等功能融入；还有手术与 ICU 的集成等。

医院功能矩阵的重组，不仅仅局限于功能设定改变带来的科室组合的变化，也来自于医疗设备的变化。MDT 聚合了专家，医疗设备也同样在聚合过程中，科技的进步也支撑了这种变化，越来越多的医疗设备被融合在一起，MRI 与超声聚焦刀的融合、PET 与 CT 的联姻；术中核磁、术中放疗等，不一而足，还有现代医院建筑中无处不在、能力愈发强大、系统愈发智能的物流系统和信息化系统。复合化、小型化、移动化、数字化、信息化，代表了科技，也预示着改变。产生功能矩阵重组的变化诱因，在于使医院的能力按奥林匹克精神实现"更高、更快、更强"。"更高"在于通过联合诊断、学科融合提升医疗救治能力，围堵"跑着的猪"，并借助医研的一体化及转化，将"跑着的猪吃到嘴里"；"更快"则为提高医疗和就医效率；科技的力量、管理的提升则使医院变得"更强"。

医院能力的提升就是在进行一场不同跑道上的竞赛。

2009 年开始设计的瑞典卡罗林斯卡学院医院，设计的目标在初始就定位于以弹性适应未来，设计团队有一句话让我深有感触："卡罗林斯卡学院医院的设计寿命将达到一百年，尽管我们并不完全清楚一百年后的医疗卫生服务将发生什么变化。"这种针对未来的实验性改变在不久之前开始出现：医院将在未来的一年多时间里，完全打破常规和内外科的人为设置障碍，取消内科、外科和耳鼻喉科、眼科、皮肤科等临床专科。没有这些科室的病房、门诊和专科医生，取而代之的是一个全新的医生培养、临床分业和必须 24 小时内基本完成所有病人临床诊断的新医疗，设计以病人为中心、以临床研究为中心的全新医院医疗流程和专业模式。该院将设立 7 个临床专业团队：主要为儿童和妇女、感染和免疫、大血管和循环、肿瘤、创伤和再生组织、神经疾病、老年病专业等。在这 7 个专业团队下面又设置了 300 多个病种，开展全新的医院诊疗工作。一个显著的特点，就是鼓励 24 小时必须明确所有病人的诊断，鼓励日间手术和门诊治疗。国内的像单病种诊疗、MDT 等都是只针对单疾病和单病种的，而卡罗林斯卡学院医院的模式实验则是全院性、基础性、系统性的变革。这种医院新模式的实验结果尚未可知，业界反响也各不相同，但由于该院的世界顶级地位，以及他们变革的世界唯一性和颠覆性，对业界的冲击力是客观存在的。

所有的变革除了医疗技术、理念和科技进步的驱动因素以外，还有一个至关重要的因素不可忽视，就是国家的行业和产业政策的影响，换成通俗和广义的词，就是"国情"，所有在这块土地上产生的变革都离不开这块土地，这是基础性的前提。

卡罗林斯卡学院医院的变革基于瑞典和欧洲的体系，是否能在中国的土地上移植、落地和排异，目前还是一个问号，或许还需要有一个过程。所以，所有的变革或许不是创新性变革，只是适应性变革。吸取国外先进概念的前提，则需要先进行体系的理性研究和分析，做好适应性"顶层设计"，否则就是盲人摸象。

瑞典卡罗林斯卡学院医院，2009一至今，

建筑规模：330,000m²
设计公司：瑞典 Tengbom

"卡罗林斯卡学院医院的设计寿命将达到一百年，尽管我们并不完全清楚一百年后的医疗卫生服务将发生什么变化。"

医院建筑设计的西方取经又何尝不是如此？中国的人口基数、医疗和保险体系、医院管理体系、供应体系、就医流程、建设和设施标准及规范、各地的经济差异、人文差异等，几乎所有方面都与西方国家不同。10年前笔者曾经评审一家德国设计公司1000床医院的方案，门急诊、住院的所有人群经由一个入口进入，这就是国情差异产生的概念上的差异。所以，不盲从、不妄自菲薄，先读懂西方的"经"，有分析、有判断、有取舍，才能念好自己的"经"。

国家正在大力推行的分级诊疗体系、医师多点执业的政策，萌发了医联体、平台化医院的产生；行业和产业的协同与共享，又催生了多方位的第三方服务模式。以上所有这些基于多种原因产生的或多或少的改变，在客观上引发了功能矩阵的重组，并形成一张相互牵扯的网，相互关联、相互影响。医疗功能的组合变化及趋势，建筑师毫无疑问应该听命于医生和医院管理专家的需要，建筑师的作为则在于将其进行逻辑梳理和整合，并转换为建筑空间。医院的变化趋势对医院所有的建筑空间将产生影响，并产生七项功能内容的拆分重构，从而改变空间的矩阵关系。

将适应功能需求变化的这张网进行重新编织，就是一个功能矩阵重构的过程。

医院建筑是个庞大而复杂的系统，涵盖医院未来将面对的所有适应性变化，以及对医院建筑空间的影响做出全面的系统性研判，并不是一件容易的事。具有医学背景、通晓医院建筑的所有"部件"、擅长于医院建设和管理的无锡市人民医院沈崇德院长开出了药方：

2.6.1 变化趋势

1. 强住院、轻门诊
2. 强日间、重手术
3. 强急（症）重（症）、调检查（检查报告的互认与共享）
4. 提人文、重体验
    （1）注重医患双方的人文体验。
    （2）注重环境优化。
    （3）注重智慧参与。
    （4）注重就诊体验：强化门诊就诊时间；强化诊疗过程平滑。
    （5）空间变革：增加住院双人间与单人间；增加休闲与人文体验空间。
5. 平台型医院、第三方服务
    平台型医院
    （1）不同医生团队。
    （2）一体化诊疗单元（诊疗与专科基本检查）。
    （3）服务型手术中心。
    （4）参与型治疗中心。
    第三方服务
    （1）血液净化等特殊治疗类。
    （2）中心供应等支持类。
    （3）后勤保障等保障类。
    （4）信息服务类。
6. 强科研规培，重智慧支持

2.6.2　建筑空间的影响

1. 对门诊空间的影响

(1) 门诊大厅空间规模缩小。

(2) 诊室数量适当减少（门诊减少，单位病患就诊时间延长）。

(3) 一体化门诊诊疗区域建设（诊断、检查、治疗一体化；生殖医学中心、疝
科、内分泌、呼吸、泌尿、男科等）。

(4) 以器官或疾病为中心的诊疗空间建设。

(5) 分科进一步细化、特色化。

(6) 强化 MDT。

(7) 强化多学科门诊（疼痛、营养、药学、放射、超声等）。

(8) 内分泌、呼吸科等内科系统科室规模调减相对明显。

(9) 体检空间增加。

(10) 特殊康复空间增加。

(11) 休闲及配套商业空间增加。

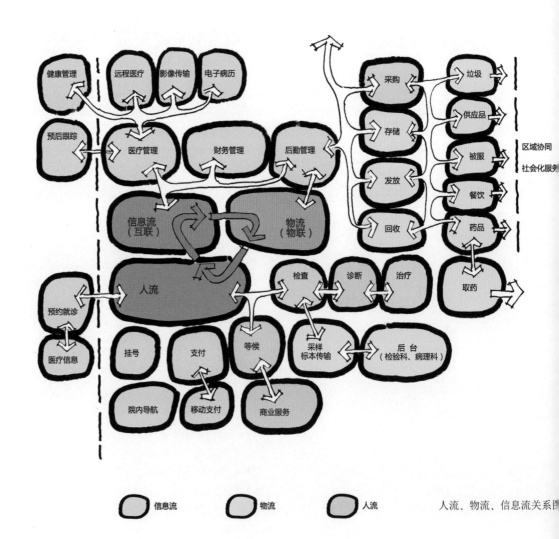

人流、物流、信息流关系图

## 2. 对住院空间的影响

（1）日间中心强化（日间病房和管理模式）。

（2）建设住院管理中心。

（3）各类危重症病房增加。

（4）各类特种病房增加。

（5）病床数量减少。

（6）单人间、双人间增加。

（7）病区专科一体化检查治疗空间增加。

（8）病区辅助休闲空间及工作人员空间增加。

（9）大厅休闲及配套商业空间增加。

## 3. 对急诊重症空间的影响

（1）一体化急诊：急诊的规范化建设和专业化处置能力强化。

    1）创伤中心。

    2）胸痛中心。

    3）卒中中心。

    4）空中急救。

    5）院前院中一体化。

（2）危重症管理一体化专业化：重症医学科比重较大，幅度增加。

## 4. 对医技空间的影响

（1）独立第三方检查中心（影像、检验、病理）参与。

（2）三级医院医技检查中心成为区域检查中心（虚拟服务常态化）。

    1）虚拟化放射诊断中心。

    2）虚拟化心电诊断中心。

    3）虚拟化共享型病理中心。

    4）虚拟化超声中心。

    5）共享型检验中心。

（3）检验自动化程度提高。

（4）专科检验建设。

（5）基因组学、蛋白组学检测增加。

（6）肿瘤等治疗手段增加并强化。

## 5. 对手术及其他特殊治疗空间的影响

（1）强化日间手术中心建设。

（2）强化手术部规模调整。

（3）第三方手术部平台建设。

（4）手术部内部管理模式调整（流程、智慧）。

（5）强化手术部专业化建设，如腔镜、杂交。

（6）强化微创介入中心建设（内镜、超声）。

（7）血液净化中心两极分化。

功能矩阵关系图

**列分类（自上而下层级）：**

| 临床科室 | | | | 医技科室 | | 医疗、后勤管… | |
|---|---|---|---|---|---|---|---|
| 通用医疗服务 | 急诊急救 | 门诊 | 住院 | 医技 | 保障系统 | 行政管… | |

**行/列项目（矩阵坐标名称）：**
挂号、导医咨询（手机软件）、挂号、登记、收费（人工收费、移动支付）、取药、药房、标本采集、输液治疗、等候空间、商业设施、体检、急诊诊室单元、清创、治疗、处置、抢救、留观及病房单元、门诊科室单元、日间诊疗、门诊治疗、输液、护理单元、重症监护、产房、生殖医学、化疗、麻醉科、康复理疗、血液透析、高压氧舱、功能检查、医学影像、核医学、放射治疗、内镜中心、介入治疗、中心手术、门急诊手术、消毒供应、药剂科、药库、检验中心、病理库、血库、静脉配液、营养部、太平间、库房（药品、器械、被服等）、设备站房、垃圾站、洗衣房、病案库、行政办公、财务

**图例：**

1　高度关联度（宜同层相邻或有内部通道的分层布置）
2　较高关联度（同层布置或分层布置）
3　中等关联度
4　较低关联度

A　物流系统联系
B　信息系统联系

| 教学科研 | | | | 按工艺内容分类 | |
| 教学科研 | | | 功能部门 | 按七项内容分类 | |
| 实验室（转化医学病房） | 动物房 | 学术交流 | | 按七项内容分类 | 按工艺内容分类 |
| --- | --- | --- | --- | --- | --- |
| | | | 分诊、导医咨询(手机软件) | 通用医疗服务 | |
| | | | 挂号、登记 | | |
| | | | 收费(人工收费、移动支付) | | |
| | | | 取药 | | |
| | | | 药房 | | |
| 3A | | | 标本采集 | | |
| | | | 输液、治疗 | | |
| | | | 等候空间 | | |
| | | 2 | 商业设施 | | |
| | | | 体检 | | |
| | | | 急诊诊室单元 | 急诊急救 | 临床科室 |
| | | | 清创、治疗、处置 | | |
| | | | 抢救 | | |
| | | | 留观及病房单元 | | |
| | | | 门诊科室单元 | 门诊 | |
| | | | 日间诊疗 | | |
| | | | 门诊治疗、输液 | | |
| | | 3 | 护理单元 | 住院 | |
| | | | 重症监护 | | |
| | | | 产房 | | |
| 1 | | | 生殖医学 | | |
| | | | 化疗 | | |
| 2 | | 2 | 麻醉科 | | |
| | | | 康复理疗 | | |
| | | | 血液透析 | | |
| | | | 高压氧舱 | | |
| | | | 功能检查 | | |
| | | 3 | 医学影像 | 医技 | 医技科室 |
| | | 3 | 核医学 | | |
| | | 3 | 放射治疗 | | |
| | | 3 | 内镜中心 | | |
| | | 3 | 介入治疗 | | |
| | 3 | 3 | 中心手术、门急诊手术 | | |
| | | | 消毒供应 | | |
| 3A | | | 药剂科、药库 | | |
| 2A | 3A | | 检验中心 | | |
| 2A | 3A | | 病理科 | | |
| | | | 血库 | | |
| | | | 静脉配液 | | |
| | | | 营养部 | | |
| | | | 太平间 | 保障系统 | 医疗、后勤管理 |
| | | | 库房(药品、器械、被服等) | | |
| | | | 设备站房 | | |
| | 3 | 3 | 垃圾站 | | |
| | | | 洗衣房 | | |
| | | | 病案科 | 行政管理 | |
| | | | 行政办公、财务 | | |
| | | | 档案、图书 | | |
| | | B | 计算机房 | | |
| | | | 厨房及餐饮 | 院内生活 | |
| | | | 宿舍及值班 | | |
| 1 | 1 | | 更衣卫浴 | | |
| 2 | 1 | | 教室及示教 | 教学科研 | 教学科研 |
| 1 | | | 实验室(转化医学病房) | | |
| | | | 动物房 | | |
| | | | 学术交流 | | |

## 6. 对药学空间的影响

（1）临床药学强化（含管理、检测）。

（2）门诊药房空间缩小或成为第三方管理。

   1）数字化机器人仓储系统。

   2）智能中型箱式物流系统。

   3）智能化垂直仓储系统。

   4）后勤保障智慧运维系统。

（3）药房自动化程度提高。

   1）门诊药房发药自动化（西成药、中药颗粒、饮片）。

   2）药房分包自动化。

   3）静配一体化与自动化。

   4）药房仓储自动化。

（4）GCP 规范化与规模化。

（5）中药煎制与制剂第三方服务。

## 7. 对科教与运行空间的影响

（1）规培中心、全科中心、医院实训中心规范化与规模化。

（2）中心实验室规范化、规模化与专业化——研究型医院。

（3）客户服务中心模式与空间。

（4）信息管理模式与空间调整。

（5）中心供应模式与空间。

（6）医学工程研究与服务。

（7）后勤保障第三方服务规范化。

   1）保洁。

   2）保安。

   3）运维。

   4）义工。

   5）运送。

   6）餐饮。

   7）其他。

（8）后勤保障智能化服务与空间。

现代医院的功能重构是建立在互联网＋、物联网和 MDT 基础上的，跨界与融合是其主题，使医院硬的更硬、软的更软。适应性设计的应对之道在于为未来预留弹性，标准化、模数化、模块化的设计手法使建筑成为一个具有可塑性的平台，用灵活性、协作性、移动性、可变性和扩展性来面对改变。

医疗的变化、医院的变化、医院建筑空间的变化是个永恒的命题，在创新变革的时代，对于更为长远的未来，我们无法完整预见，唯一可知的就是一切都将持续改变。

信息时代的工业制造中，集成化是一个标志性特征。
集成化、集群化、数字信息化、智能化、装配化等产品特征，通过标准化、模数化、模块化、通用化实现。
通过系统组合、系统内部协同、系统之间协同，实现整体协同。

## 2.7　集成的设计

西安第四军医大学西京医院的樊代明院士说："我们用解剖刀把整体变成了器官，用显微镜把器官变成了细胞，又把细胞变成了分子，然后在分子之间不能自拔"。此话虽针砭目前国内的医学研究之弊，但也同样可以作为对医院建筑设计的警示。

现代医学虽然在学科方面越分越细，在治疗上却将更多的学科融合协同，更多强调的是学科的"集成化""立体化"，这与为适应现代立体化战争的军队改革如出一辙。设计也应该适应这种医疗"战争"的改变。

我们设计的思考习惯是从功能分区出发，将功能进行划分和切割，殊不知，这一刀下去就已然使得整体的医院建筑从开始就变成了"器官"，贯穿整体建筑的动线已不复存在。不光切割了动线，科室的协同与融合也被这把解剖刀切割在楚汉两界。

问题出在一级流程，就像手术台上打开了错误的器官，作为工艺设计流程的细胞和分子的二、三级流程的优化，似乎就只剩下缝合了。抛开这种功能的"顶层设计"，与业主的沟通，双方也只能直入细节，只见树木、不见森林。

所以，从整体功能出发、以动线为导向去思考科室的划分，会始终保有对建筑的整体思维和控制力。

明确划分的门急诊、医技、病房等功能区，对于现代医院建筑的意义已逐渐淡化，更多出现的是相互之间的融合、渗透、穿插与协同，不同"分子"间的重组和集成而成为复合功能的"细胞"；"细胞"之间集成为功能强大的"器官"，由"器官"再回归到建筑整体。

医院设计就是这么一个逆向的思维过程，先从整体出发，再行"庖丁解牛"之举。功能的分级集成的结果就是回归了建筑整体，换句话说，建筑的整体就是由各种集成化的"器官"组合和集成而来的。

集成化在信息时代的工业制造中是一个标志性的特征，集成化程度体现了现代产品的工业化水平，工业产品更多地在向集成化、集群化、数字信息化、智能化和装配化的方向努力。标准化、模块化、通用化表现出集成化的程度，小型化则体现了高水准的集成。乐高是一种极其简单而智慧的集成产品，通过系统组合、系统内部协同、系统之间的协同这样的分级集成，从而实现整体化性能目标和可持续性发展。

在医学理念的发展与科技进步的驱动下，医院设计的功能组件的模块化集成也表现出了持久的生命力，且有燎原之势。20 世纪 70 年代中叶，开始推行的 Nucleus 体系、Meditex 体系可谓是其雏形，这种限于同类项的合并和组合，可以说是一种简单的集成，表现出在医疗效率和人力成本上的好处，也可以说是目前倡导的精益设计的一个范例。重要的是，这种模式使建筑产生了可生长、可复制的概念，伴随以信息革命为标志的第三次工业革命和以互联网为标志的第四次工业革命的到来，这种具有通用性和扩展性的设计就显得尤为可贵。把握住了未来的脉搏，就有了长久的生命力。

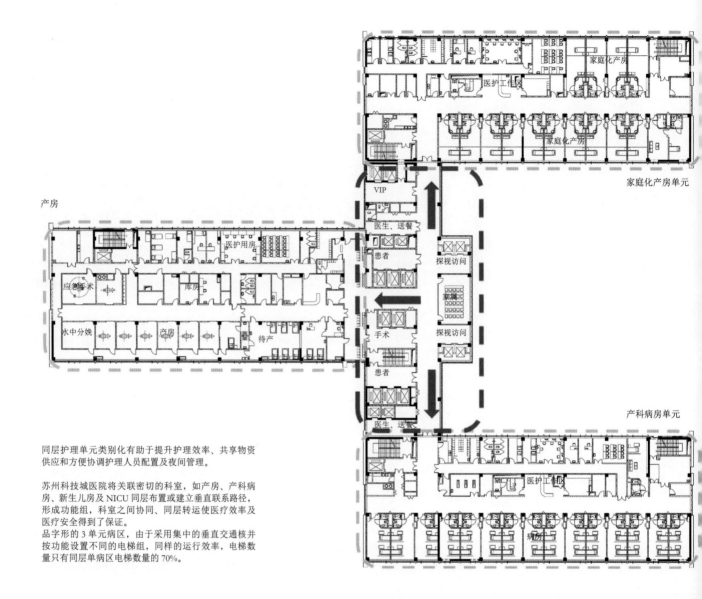

产房

VIP

医生、送餐

患者

探视访问

家属

探视访问

手术

患者

医生、送餐

家庭化产房单元

产科病房单元

同层护理单元类别化有助于提升护理效率、共享物资供应和方便协调护理人员配置及夜间管理。

苏州科技城医院将关联密切的科室，如产房、产科病房、新生儿房及 NICU 同层布置或建立垂直联系路径，形成功能组，科室之间协同、同层转运使医疗效率及医疗安全得到了保证。

品字形的 3 单元病区，由于采用集中的垂直交通核并按功能设置不同的电梯组，同样的运行效率，电梯数量只有同层单病区电梯数量的 70%。

第一级集成的另外一种表现在于，以标准单元实现功能的灵活转换或功能的复合。这种弹性是建立在标准化及单元化的基础上的。以介入治疗用房为例，标准单元内不同设备的组合，完成不同的治疗手段和目标。

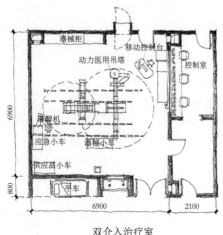

双介入治疗室

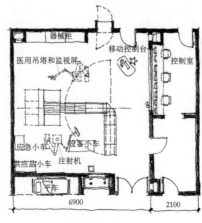

介入 CT 治疗室

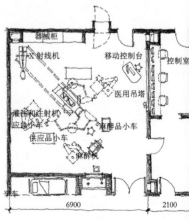

复合介入手术室

所谓集成就是一些孤立的事物或元素通过某种方式改变原有的分散状态集中在一起，产生联系，从而构成一个有机整体的过程。医院建筑的集成，其特征在于突破原有的单一科室概念，而为功能的复合和叠加，换言之，就是融合与协同。这种集成，既发生在同种科室间，也发生在同类不同种科室间和完全不同类别的科室之间。还是以现代军队的构成为例，谁能说现代海军就只有军舰和传统的水兵，还有海军陆战队和海军航空兵。医院建筑的功能集成也以同样的逻辑在各种科室间生成，并以不同的层级形成分级的集成。

医院建筑的第一级集成是同种单元之间及单元内部的集成，是分子级的集成。比如护理层，就是将 3 个及以上的同种护理单元进行组合，这种将同层护理单元类别化及系统化的方式有助于提升护理效率、共享物资供应，并方便协调护理人员配置及夜间管理。江苏省兴化市人民医院同层布置了 3 个病区，使用情况表明，同种护理单元的护理层，在护士配比数量上只有床护比标准低限的 69%，夜间的效果更为明显。同层多病区的好处还体现在垂直交通核的运行高效上，苏州科技城医院品字形的 3 单元病区，由于采用集中的垂直交通核并按功能设置不同的电梯组，同样的运行效率，电梯数量只有同层单病区电梯数量的 70%。在第一级集成时，将建筑布局与物流系统设计进行综合考虑，通过综合管线排布，使得空间得到充分有效的利用。

并不是所有的集成都是用加法，除法也可以让功能效率得到优化。病区内部及 ICU 以中心化护士站与分散的护士分站结合的方式就是个例证，优化的结果使得效率、护理质量得到了提升，也降低了护士的劳动强度。中心化护士站使得护士有良好的视野，配合分散的护士站工作大大缩短了护理路线，或者可以将病人安排在一个房间内并设有必要的各项设备，医护人员组成一个治疗组来完成病人的各项治疗，可以进行诊断、检查、重症监护、住院观察的功能，减少病人转运流程，减少出错。

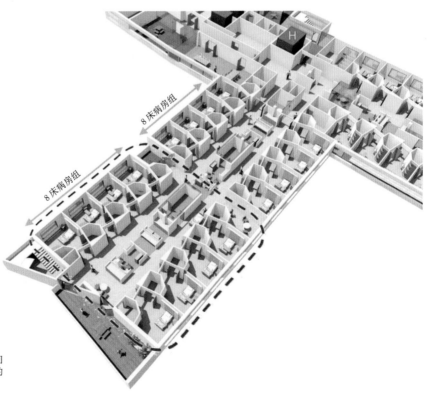

澳大利亚，新皇家阿德莱德医院
设计公司：英国 BDP

护理单元内部以中心化护士站配合分护士组的方式进行改进，护理小组按 8 床 / 组进行分配。调查显示，护士平均行走时间在日间减少 15%、夜间降低了约 25%，护理质量得到了较大的提升。

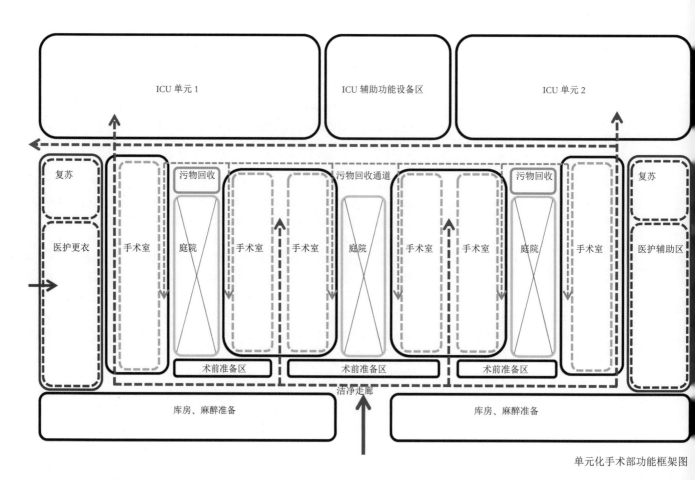

单元化手术部功能框架图

## 功能单元分级集成特征表

| 分级集成 | 集成特征 | 集成方式 | 集成功能单元特征 | 序号 | 集成结果 | 单元组合构成及集成案例 | 集成目标 |
|---|---|---|---|---|---|---|---|
| 一级集成 | 同种单元集成及单元内部集成 | 叠加复合 | 医疗影像设备集成 | (1) | 设备的功能复合 | PET-CT、PET-M RI、MRI+超声聚焦刀等 | 诊断+治疗一体化 |
| | | 分散 | 单元内部 | (2) | 病区、ICU单元内分组 | 护士站+护理组 | 1.划分小单元提升效率<br>2.提升护理质量<br>3.降低劳动强度 |
| | | 集中 | 产生大量物流的医技及后勤支持部门同层化 | (3) | 物流层 | （营养）厨房、中心供应、垃圾站、太平间、药库等 | 1.以垂直向和水平向专用通道解决各类物流的传输<br>2.满足外来车辆的货运条件 |
| | | 叠加 | 相同功能单元之间 | (4) | 护理层 | 3个及以上相同科室病区的同层护理单元类别化及系统化 | 1.提升护理效率<br>2.共享物资供应<br>3.方便协调护理人员配置及夜间管理 |
| 二级集成 | 不同种、不同类单元集成 | 叠加复合 | 不同种同类单元之间 | (5) | 单元化诊区（MDT） | 诊断+治疗+收费+检验标本采集 | 1.诊区人流动线的区域限定<br>2.基本诊疗功能的一体化<br>3.多学科联合诊断（MDT） |
| | | | 不同类单元之间 | (6) | 复合型手术室(杂交手术) | 手术室+介入，手术室+影像 | 提升治疗效率 |
| 三级集成 | 复合集成 | 叠加复合 | 不同类单元之间（二级集成基础上的再集成） | (7) | 单元化手术部 | (6)+ICU | 模块化手术单元 |
| | | | | (8) | 手术单元功能组 | (7)+病理+血库 | 功能矩阵关联度高的单元功能组组合 |
| | | | | (9) | 急救 | 抢救（手术）+EICU+介入+影像+直升机停机坪 | 针对胸痛、卒中、创伤三大功能集成（MDT） |
| | | | | (10) | 日间诊疗 | 诊区+门诊手术+日间病房 | 功能完善的独立功能区 |
| | | | | (11) | 热单元（Hot unit） | 血液科+肿瘤科+器官移植 | 多学科联合诊断及治疗一体化（MDT） |
| | | | | (12) | 超热层（Hot floor） | (7)+（产房+NICU）+(9)+(10) | 手术及抢救科室的集成 |
| 模式集成 | 复合集成 | 重组 | 体系内单元重组 | (13) | 卡罗林斯卡学院医院模式 | 临床专业+研究-转化医学+教学培训 | 体系的集成 |

第二级集成则是不同种、不同类单元的集成，较之第一级集成，则以跨部门、跨科室的集成为特征，并实现了对 MDT 模式的支持，是细胞级的集成。一体化的门诊单元诊区在 MDT 时代得到了广泛的认同，四川华西医院在多年前的门诊楼设计中已开始使用这种模式。

第三级集成则表现出复合集成的特点，或者说是集成后的再集成，确切地说，是在体系内做的加强型集成，是器官级的集成。第三级集成的目的或者说是目标，在于强调学科、功能与技术的融合，实现 MDT 多学科诊断与治疗的一体化，形成并强化大型综合医院对于危急重症救治的体系化功能链，这也是大型综合医院核心功能的价值所在。许多医院间建立的医联体、院中院，就是在更大的规模、更广的区域内，在实现资源的共享的基础上进行功能组的组合。

还有另外一种在体系内重组的所有功能模式集成重组，而不仅仅局限于医疗功能本身。唯一的例子就是瑞典的卡罗林斯卡学院医院，以临床分业为核心，将医疗、教学培训与科研重新打包分组，似乎一切的功能分界都模糊化了。

这有点像时下流行的"共享经济"的概念，共享单车、共享汽车、共享办公、共享旅店……奇葩的是居然听说还有"共享校花"，似乎所有我们以往熟悉的一切都在模糊化，同时又都在"共享"的旗帜下实验化、娱乐化并清晰化，"共享"已成为一个可以装下所有"鸡蛋"的"筐"。

集成，使得关联度高的科室得以更为紧密地联系在一起，使医疗效率、就诊速度和方便度、设备效能、诊断及治疗能力得到了提高，集成后在功能强化的同时，也增强了空间的灵活性，多功能化产生了空间的弹性，在提升医护人员劳动效率的同时，降低了人力成本和无效劳动强度。集成，又使得集成组内的部分空间得以开放，组群内的空间弹性和灵活性得以释放，比如急诊诊室采用联合大厅开放工位式的方式。

## MDT 一体化单元诊区集成模式分析

基础案例：上海华山浦东医院
设计公司：上海建筑设计研究院有限公司

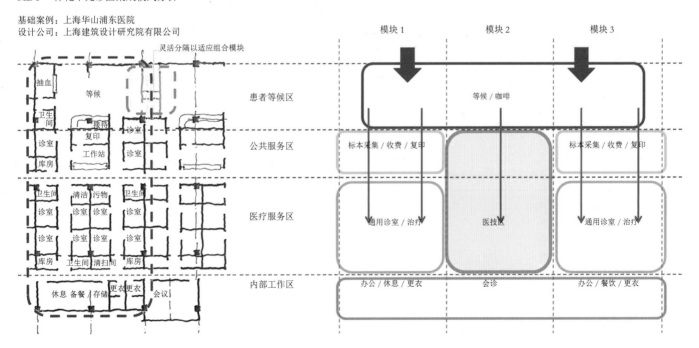

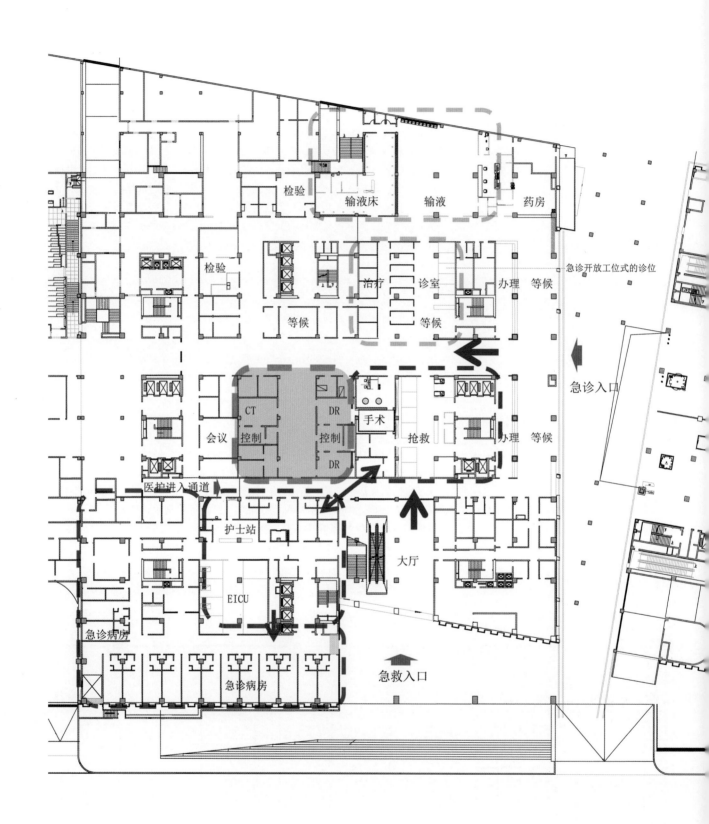

检验　　输液床　　输液　　药房

急诊开放工位式的诊位

检验　　　　治疗　诊室　办理　等候

等候　　　　　　　等候

急诊入口

CT　　　　DR

会议　控制　　控制　　手术　抢救　办理　等候

DR

医护进入通道

护士站

EICU

大厅

急诊病房

急救入口

急诊病房

南京鼓楼医院急诊平面

设计公司：Lemanarc

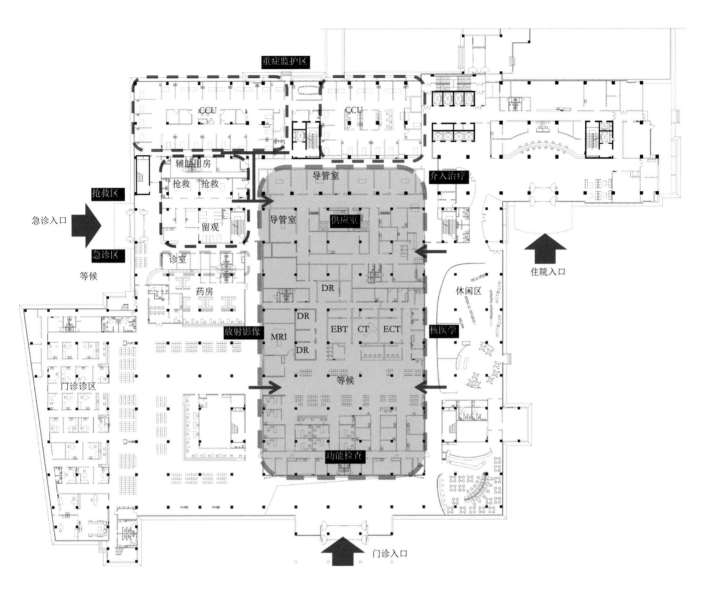

重症监护区

CCU　　CCU

介入治疗

辅助用房

抢救区　抢救　抢救

急诊入口

急诊区　留观

等候　诊室

药房

放射影像　MRI　DR

DR

DR

导管室

导管室　供应室

DR

EBT　CT　ECT

核医学

休闲区

住院入口

门诊诊区

等候

功能检查

门诊入口

天津泰达心血管病医院急诊平面

设计公司：台湾许常吉建筑师事务所

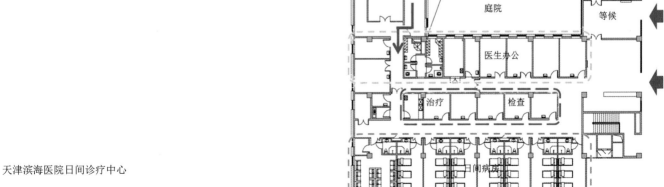

清洁走廊

手术室　库房　术前　术后　更衣

洁净走廊

庭院　等候

医生办公

治疗　检查

日间病房

天津滨海医院日间诊疗中心

设计公司：中国中元国际工程有限公司

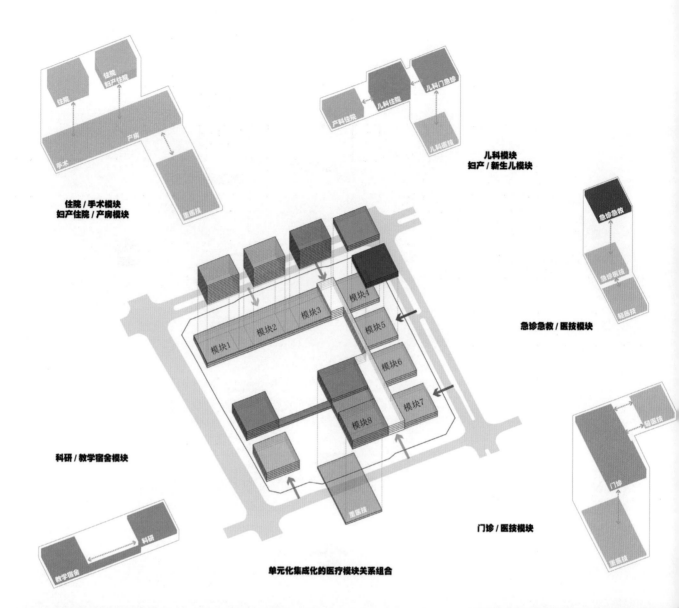

住院 / 手术模块
妇产住院 / 产房模块

儿科模块
妇产 / 新生儿模块

急诊急救 / 医技模块

科研 / 教学宿舍模块

门诊 / 医技模块

单元化集成化的医疗模块关系组合

北京大学第一医院城南院区功能模块集成关系

| 楼层 | 住院模块 | | | 门诊模块 | | | | | | |
|---|---|---|---|---|---|---|---|---|---|---|
| | 模块1 | 模块2 | 模块3 | 模块4 | 模块5 | | | 模块6 | 模块7 | 模块8 |
| B2 | 太平间 | 设备用房 | | | | | | | | 放疗、核医学 |
| B1 | 中心供应 | 营养厨房 | | | | | | | | 影像中心 |
| 1 | 病理 | 输血科 | 药房 | 儿科急诊 | 急诊影像 | 成人急诊 | 急诊介入 | 发热门诊、感染门诊 | 妇产中心 | 门诊药房 |
| 2 | 中心手术 | | NICU | 产房 | 儿科门诊 | 急诊留观、输液 | | | 检验中心 | 妇产、计生中心 | 肿瘤中心 |
| 3 | | | | 儿科门诊 | EICU、RICU | | | B超、内科诊区 | 内镜中心 | 学科联合诊区 |
| 4 | CCU | 介入中心 | SICU | PICU | 儿科门诊 | 急诊病房 | | 生殖中心 | 专科诊区 | 学科联合诊区 |
| 5 | 产科病房 | | 儿科病区 | 儿科门诊、儿科康复 | 透析中心 | | | 日间病房、门诊手术 | 特需诊区 | 体检、专科诊区 |
| 病区 | 综合病区 | 妇产病区 | 儿科病区 | | | | | | | |

第一级集成（分子级）　　第二级集成（细胞级）　　第三级集成（器官级）

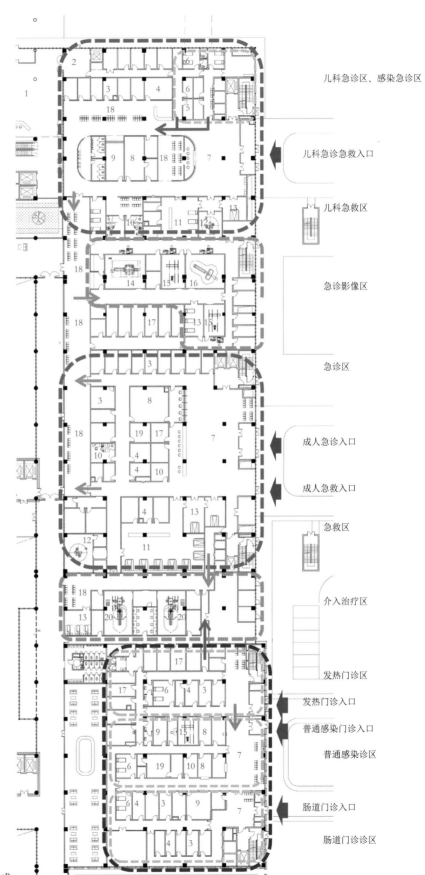

北京大学第一医院城南院区包含了多层级的功能集成，模块化、模数化的通用性设计，使多级集成可以在整体控制下进行复制、叠加。

1. 儿童医院大厅
2. 儿童体检电梯厅
3. 诊室
4. 治疗／处置
5. 隔离诊室
6. 观察
7. 大厅
8. 药房
9. 检验
10. 超声／心电
11. 重症监护
12. 手术
13. 苏醒
14. MRI
15. DR
16. CT
17. 值班／办公
18. 等候
19. 内镜
20. DSA

儿科急诊区、感染急诊区

儿科急诊急救入口

儿科急救区

急诊影像区

急诊区

成人急诊入口

成人急救入口

急救区

介入治疗区

发热门诊区

发热门诊入口

普通感染门诊入口

普通感染诊区

肠道门诊入口

肠道门诊诊区

北京大学第一医院城南院区急诊——感染门诊功能集成

医院建筑由于功能的复杂、功能间联系的广泛，使得以功能关联度矩阵关系作为依据的集成，难以在一个平面内实现完全和完整的聚合，因此，医院建筑的各级集成也在三维的立体空间中得以表现，空间中的集成则借助于立体化的交通和物流传输系统，如此，构成了整体的集成系统。系统及各级集成能协同、融合、复制及更替各级集成所具备的通用性必不可少，共有的标准化、模块化、模数化才能实现集成后的再集成，并让集成后的系统协同工作并成为一个有机和高效的整体。

IPD 模式是现阶段医院建设项目新的发展方向。很好地体现了功能矩阵与集成设计的思路，其主要涵盖了以下几点思想：

（1）集成的思想，集成了人、各系统、业务结构和实践经验，促进工程建设一体化。
（2）合作的思想，组建了一个基于信任、协作和信息共享的项目团队，使各参与方风险共担、收益共享。
（3）全寿命周期的思想，参与各方可在各阶段共享知识。
（4）精益的思想，最大限度地减少返工和浪费、降低成本以及缩短工期，达到最优项目目标。

拥有 1650 床的江西省肿瘤医院，在整个建设过程中，建筑设计、物流工程、消防、暖通、装饰装修等专业在早期共同介入，团队合作，以集成的方式并通过 BIM 建模技术进行综合管线排布及建设项目全生命周期管理。物流工程作为其中的亮点，在医院建设的一级流程设计中进行物流动线分析，在系统选取上，以中型箱式物流系统为主干，配合气动物流系统，建筑融合上以医技楼为核心发散布置水平物流动线和 7 处垂直物流动线、50 个物流站点。系统整体契合医院布局设计，将始端物资发送站点均分在水平物流动线上，最大限度地优化了物资传送效率。住院部的垂直动线选在护士单元内，方便医护人员接受物资。物流系统完成后将可以完成医院95% 以上的物资传送。

通过功能矩阵关系组合的"图层化"、物流系统的"管道化"以及之后的"立体化"实现整体的"系统化"。

如果用樊代明院士提到的"分子、细胞、器官"来比喻，第一级集成是分子的组合，第二级集成则成为细胞，第三级集成就是器官了。由此，医院建筑的肌体被塑造出来。

如同一个人，集成后的医院建筑开始有了功能性，实现了肌体的健康；在此基础上的人文环境、社会环境、自然环境、空间美学、阳光、色彩、活动设置等对于人心理感应支持的建筑学所涉及的内容，又构成了整体的健康疗愈环境，从而实现心理的健康。这种对于人的身心，从功能、行为、心理到环境的整体关爱，使得医院建筑有血有肉，而这不正是 WHO 所倡导的新健康观吗？

## 2.8  人车分离

医院人车混行的交通

观察城市早高峰的动态交通路况地图，会发现有两类明显的拥堵点特征，一是中小学，二就是医院，名校、大医院尤其；大医院且名院更甚。为5分钟的看病时间，我们往往要付出整个半天，其中，"门难进"贡献率很大。

传统的城市布局中，为就医方便，医疗用地往往被安排在人口稠密的地区，包括我们熟悉的规划千人指标和居住区配套指标，但在可以自由选择就诊医院的汽车时代，所有的"计划"都会变成"变化"，自由产生的大量交通穿梭给城市交通带来了巨大的压力。为破解交通之困局，北京于是开始向外围疏解名校和名医院并严控大型医院的规模。

大型医院就诊早高峰的机动车数量、规模堪比体育比赛后的散场，但医院用地规模、周边城市道路条件、停车泊位等本应作为前置条件的交通规划和设计条件的分析，却并未得到与大型体育场馆同样的重视。

我们正在设计的深圳新华医院是一座2500床、日门诊量12500人次的新建大型综合医院，用地规模仅为23.1m$^2$/床。交评数据表明，其日机动车吸发量将超过14000，高峰小时吸发量将达到3300辆，其中进入车辆将达到2500辆，大概是42辆/分钟的吸入量。就数据来看，确切地说，医院是一个始终在上演一部不间断循环演出且永不谢幕大剧的"体育场馆"。

再看人流量，同样惊人，如此规模的医院，每天的人流量将达到40000人次，如此大量的人流与车流，为安全和效率考虑，医院的交通规划设计确实应予以足够的重视。

在讨论交通组织之前，需要讨论的一个前置条件，就是思考范围，将医院交通组织的思考范围限定在用地红线内，因为用地规模、周边道路交通条件等城市要素在建筑师开始工作时，往往已然成为限定条件，建筑师的任务是完成一个命题作文。交通组织这篇命题作文的要求也很明确，就是在交通动线范围内，对可达性、便利性、安全性和实现交通效率的综合解答。

首先是"边界"问题，就是从哪里开始、到哪里结束，即交通组织的边界界定。

设计需要使整个院区成为一个安全的场所，因此，一侧的"边界"是院区的红线，包括院区机动车和步行的入口，这里是交通组织的起点，另一端"边界"则是建筑，或是建筑入口或在建筑内部。无论从心理层面还是生理层面，患者都希望在到达医院后能够迅速、方便且安全地进入医院、进入建筑，能够得到快速和及时的诊治，所以，无论是步行而来还是车行前来，建筑都应该成为交通唯一的目的地，建筑应该成为交通的终点。

将机动车挡在院区外、让整个医院的范围成为步行者天堂，画面虽美却有失人文关怀；类似于过境交通，绝对地分离两条线的交通组织，则属于自欺欺人。

机动车从动态到静态、再从静态回到动态，是一个完整的闭环，尽管如此，在此过程中交通行为却是多种多样的；时下多元化的交通方式虽给患者提供了便利，但这些都给交通组织增添了难度。

人流则相对简单。两条线的代入，医患等人群具有不同的身份、不同的空间目的地和使用需求、不同的行动能力、不等的停留时间、不同的交通方式，就会叠加出复杂的结果，而这些复杂性和多样性都是需要在交通组织中予以关注并解决的，而人流与车流的交叉就成为大概率事件。

医院的交通组织需要对机动车与步行者达到同等程度的"欢迎"，并以同等程度实现与城市交通和公共交通的有效衔接，医院建筑也通过与城市交通的衔接完成与城市空间的融合。

交通组织规划需要先捋一遍交通的过程，由行为入手去编排路径并寻找答案。步行者的交通过程需要延伸到城市的范围，包括与城市公共交通或非机动车（共享单车）的联系，过程相对简单；机动车则复杂得多，包含了私家车、出租车（网约车）、货运车辆、救护车，动态—静态—动态，伴以不同顺序的上落客行为。

我们耳熟能详的"人车分流"，为人流与车流划出了"道"，交通组织问题似乎得到了解决，其实不然。

**集散广场型人车分流——不完整的交通组织**

由于缺少了"边界"的界定，仅仅为人流和车流划定路径，使得院区内的交通组织存在一个巨大的安全盲区。
大交通集散广场的设计，隔绝了医院建筑以及院区与城市交通的连接关系，人流可达性差；缺少对机动车行驶路径的渠化管理，使得交通组织在效率下降的同时，也增加了管理的难度。

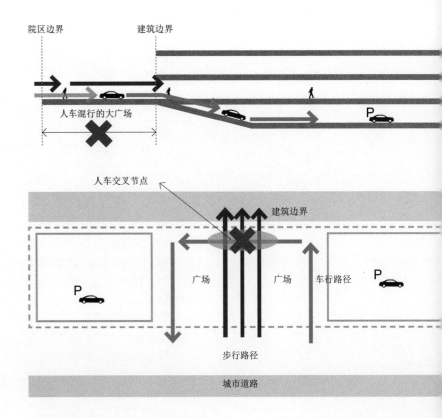

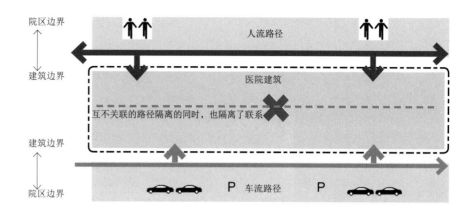

## 隔离型人车分流——不完整的交通组织

为人流和车流划定路径，并予以隔离，但这种隔离路径的同时，也隔断了两者的联系，拒绝了机动车使用的多样性。

交通行为是交通组织不可或缺的考虑因素，因此，将交通行为代入，并兼顾到各种使用方式的便利，才是完整的设计。

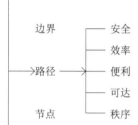

```
边界 ┐          ┌ 安全
     │          ├ 效率
→ 路径 ──────┼ 便利
     │          ├ 可达
节点 ┘          └ 秩序
```

## 人车分离——完整的交通组织

包含了边界、路径和节点三个要素，将交通行为代入，并兼容了所有行为的可能性，实现整个交通过程的安全性、效率性、便利性、可达性和秩序性。

"人车分流"只是给人流与车流划定了路线，而未将复杂的行为代入。当把人流与车流进行叠加，计算这里的人流与车流的流量和密度、涵盖各种行为的可能性并考虑这里有大量的患者，就会发现产生了大量的交叉点和路径盲端，发现这里真的会比马路更危险、比北京西直门立交更烧脑。

问题出在，"分流"只是孤立地去设定分离的两条线，并将两者割裂开来单独思考；未考虑整体的使用过程及叠加效应；片断式地仅仅考虑人流与车流在某个孤立的点位和空间的连接关系，这都使得交通组织陷于片面和不完整。

人流与车流这两条线必须摆在一起协同思考，将使用过程代入后的交通组织才能实现真正的"分流"，并能实现交通组织整体的安全。"分流"只是强调了路径，如果在此基础上代入使用过程，并将人流和车流进行叠加，就会发现交通组织的结果会完全不同，"人车分离"才是整体的过程目标。

所以，可以抛开"人车分流"了，我们需要的是"人车分离"。

代入了交通的过程以及行为，就产生了三个核心要素：边界、路径和节点。实现"人车分离"，在于处理好这三个关键要素，并将其纳入人流和车流的整个使用过程，予以协同思考，而不是将两条线分离、各行其道。

我们常见的医院建筑门前、远离城市道路的大广场，就是关于"边界"的一个反面例证，这种方式从起点开始就斩断了人车分离的可能性。

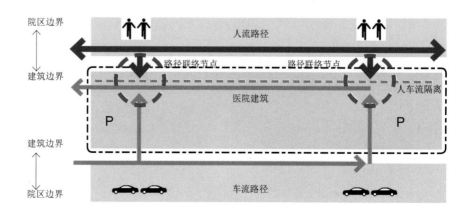

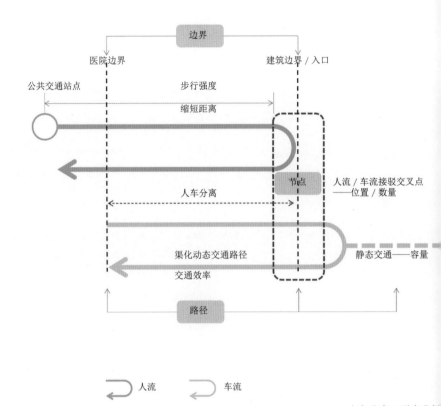

边界

医院边界　　　　　　　　　　　　　建筑边界 / 入口

公共交通站点　　　　　　　　步行强度

缩短距离

节点　　　　　人流 / 车流接驳交叉点
　　　　　　　——位置 / 数量

人车分离

渠化动态交通路径　　　　　　静态交通——容量

交通效率

路径

人流　　　　车流

人车分离三要素分析

交通的效率和安全来自于封闭的单向渠化的方式，比如高速公路。大广场的尺度 交通提供了多样性，这意味着，交通组织中的可变因素加大，除了效率的下降以外 同时也带来了安全性的降低。反之，两侧的"边界"越紧凑，交通的秩序感、便 程度、效率及安全就越能得到保障，小，反倒更精彩，特别是对于步行交通以及 要与城市公共交通站点接驳的人流。毕竟，医院是个医疗场所，无须以"距离感" 展现威严和礼仪、表现出高大上和唯我独尊；不割裂城市空间和交通联系、形象 民才是主题。

城市公共交通与医院接驳的区域性交通规划，由于地块切割、行业行政管辖等原因 难以统筹及协同，因此城市公共交通与医院的衔接往往存在一个盲区。有些城市 开始进行多部门的协调及规划，努力打通这种产生隔离的"最后的距离"。十多 前，巴士站已进入香港将军澳医院的院区内，我们接触过的多家北京和深圳的医 已开始规划通过地下通道将地铁站点与医院进行连通。对于大型、特别是超大型 院，与城市公共交通最好的接驳关系，就是将公共交通纳入医院建筑内部，形成 直的交通联系，将医院作为公共交通的"上盖物业"。

路径规划决定了交通组织的效率、秩序和安全，体现在交通规划的每一个细节上。

北京协和医院门急诊外科手术楼是一座面积达 22 万 m² 的医疗单体建筑，占据了 个街区，项目建设之前，现场疏导东单北大街的交通拥堵是交警每天上午的工作 因为协和医院在此，因此，在交通如此繁忙的地区新建了一个拥有 2000 多个停 位的巨无霸，交通规划得不好，后果是灾难性的。

香港将军澳医院

建筑入口连接了候车雨篷，作为巴士及出租车上落客接驳点，并设定了专门的步行路径。

凡事都如同硬币的两面，正是由于其一个街区的体量，这个巨无霸给区域交通带来了明显的利益，因为它用自己的"宰相肚"连通了周边道路，并形成了循环，南北四座大型坡道，使周边道路的利用率显著提高，区域交通状况得到了整体改善。

这个案例产生了一个启示，未必可怕，可怕的是产生路径盲肠。

路径规划的细节体现在以下方面：

### 2.8.1 车流

（1）充分利用周边城市道路资源。
    多方向地进出，使得效率最大化。
（2）独立的单向渠化路径。
（3）根据高峰小时吸发量进行计算的车道数量或宽度，可满足多车同时并行。
（4）车行路径的直接程度。
    过多的弯道、上下坡及转弯半径过小，都将影响车速，造成交通瓶颈和栓塞。
（5）较低的车道及停车区域的混合度。
    即停即走的车辆与计时、长期停放车辆在车道及停车区的分离；普通车辆与货运车辆、救护车的分离以及在寒冷和炎热地区急救车的入室设计。
（6）足够的停车位数量及明确、清晰的路线引导及空位引导指示。
（7）停车区域与建筑功能空间的连接路径。
    停车区域如果与人流在同一层，则需建立步行通道与建筑内的功能空间联络。如在不同楼层，则需有便捷的垂直交通联系。
（8）"动态—静态"转换方式。
    包括车库管理方式、停车场库进入的识别、离开时的缴费方式；静态停车的方式（平层、机械、立体自动）等，均影响机动车的效率表现。
    信息技术和人工智能，可以在提升车库管理效率方面做出贡献。
    在深圳，2016 年大部分停车场已实现了车牌识别自动抬杆进站，出站自动识别车牌计算停车费，完全不需要停车卡了。
    人工智能还可以在更大的范围运用，为优化城市交通服务，阿里巴巴集团在杭州搞的城市大脑智能交通系统通过识别车牌和车流控制交通。
    深圳机场停车库的缴费环节，利用扫描二维码实现手机缴费，每一个柱子、每一面墙都成为缴费"窗口"。

### 2.8.2 人流

（1）可达性：较低的步行强度。
    包括从公交站点到院区入口，以及从院区入口到建筑入口的步行距离。入口相对步行路径要具有清晰明确的辨识度。需要以步行者的步行强度来考虑步行距离，正常成人的平均步行速度为 80m/min，60 岁老人行走的速度为 50m/min，若以此速度作为患者步速计算距离，建议步行强度在 200—300m 的范围内为宜，也就是 4—6min 的步行距离。
（2）便利性：非机动车（包括共享单车）的停放位置。
    非机动车的停放区域应该在步行路径的周边，以方便步行者，同时将步行的安全区域限定在一个合理的范围。

深圳机场停车场

利用扫描二维码实现手机缴费，每一个柱子和墙面都成为缴费"窗口"。

在建筑的地下空间设立非机动车停车区域不是一个好主意，上下坡道将绐
使用者带来不便。

至于共享单车，似乎城市道路的人行道等特定区域就是一个约定俗成的停
车场。

(3) 辨识性：独立的、与建筑入口有直接联系的步行路径。

路径的合理规划避免了人车的交叉，使得人车碰面的场合只剩下了上落客的接驳点
这类节点化空间。因此，节点空间的安全性及对行为多样化的适应性成为设计的重
点：

(1) 集中设置接驳节点，并减少接驳节点的数量。
(2) 合理的上下客接驳节点的空间位置。
　　接驳点的位置需要考虑与建筑功能使用空间联系的方便度，并与就诊时序
　　紧密结合，比如与门诊大厅、电梯等公共空间和交通体的连接。
(3) 独立的上下客接驳车道及足够的车道长度。
　　由于患者的行动能力较弱，上下车的速度较慢，因此接驳点需要有充足的
　　长度，能够满足多车同时停靠。
(4) 接驳点的空间环境有良好的气候适应性。
　　由于患者体弱，在气候恶劣的天气、季节及寒冷、炎热地区，接驳点应具
　　备遮风挡雨、防寒及遮阴的设施，避免对患者造成次生伤害。
(5) 上下客接驳点与车库、停车场的连接路径有较高的适应性。
　　需考虑交通行为时序的多种适应性，落客后离开、落客后前往停车空间的
　　路径；由停车空间前往接驳点上客的路径；出租车、网约车的等候及上客，
　　都需要能提供可行的连接路径。
(6) 接驳点独立的步行安全区域。

北京大学第一医院城南院区人车分离交通组织

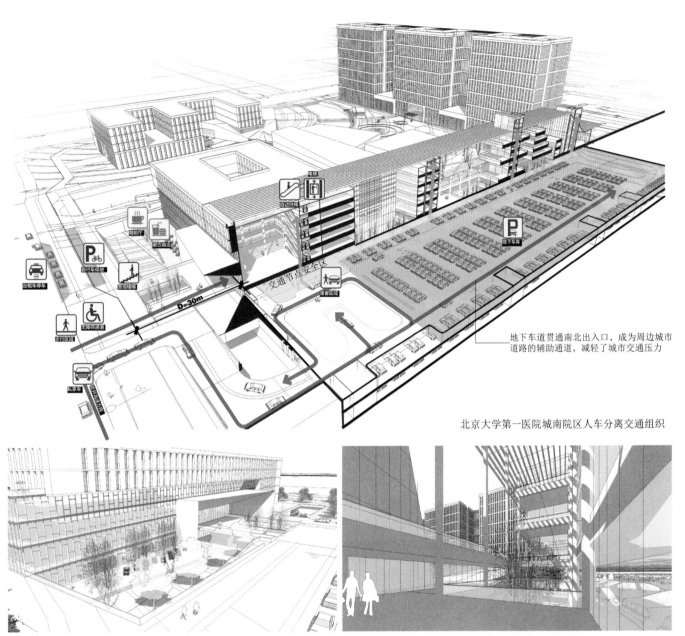

北京大学第一医院城南院区人车分离交通组织

地下车道贯通南北出入口，成为周边城市道路的辅助通道，减轻了城市交通压力

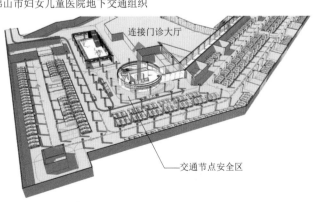

北京大学第一医院城南院区门诊入口——始于院区边界的人车分离交通组织

北京大学第一医院城南院区地下交通节点安全区

佛山市妇女儿童医院地下交通组织

连接门诊大厅

交通节点安全区

功能仍然主导和决定着交通组织的模式选择，与入口及功能空间的关系是第一要务，因为这是交通的目的地。所以，从人车分离的交通组织三要素的顺序排列，有了入口，就产生了边界，定义了节点，路径才能产生，也就生成了交通模式。

立体化的交通组织形式无疑对于实现"人车分离"提供了便利，从源头就开始分离的人与车，以不同的走向使"分离"得以实现。设置地下车库也使这种人行地面、车行地下的立体交通方式更合逻辑。

对于建筑群、可利用地形高差或不具备使用地下空间条件的建筑来说，整体提升的方案也是不错的思路，通过架空层，车辆可直接到达各个建筑的出入口，其余的架空空间可以满足停车的需要，相关的案例有由六角鬼丈设计的北京建外SOHO，地面结合车库提供给车行，二层各楼宇之间由连桥连接，形成步行层，各公寓楼由此进入。

与此异曲同工、但楼层翻转的例子则有巴马丹拿建筑设计咨询有限公司设计的北京东方广场，裙楼屋顶结合屋顶花园被作为机动车道，由城市道路经由坡道直接进入，成为城市道路的延续，可直抵架在裙楼屋顶上的各功能楼宇的入口，而作为商业用途的裙楼则供人们从地面直接进入。

立体交通组织不是人车分离唯一可行的方式，也可以通过同层平面组织得到同样的效果，需要人流与车流形成不同的进出通道，从而避免交叉，节点化的交叉点可以在建筑内部产生汇合。

各种解决办法殊途同归，人车分离在于从头开始的、全过程的人车"分离"，就是在过程代入的条件下，做到两条线的单向渠化及保障交通组织的整体安全性，达到可达性、便利性、安全性、效率与秩序的统一。

宜兴市人民医院交通组织
建筑师：谷　建、宫建伟、王　蕾、潘　洁
　　　　牟维勇、E Woo、穆晓燕

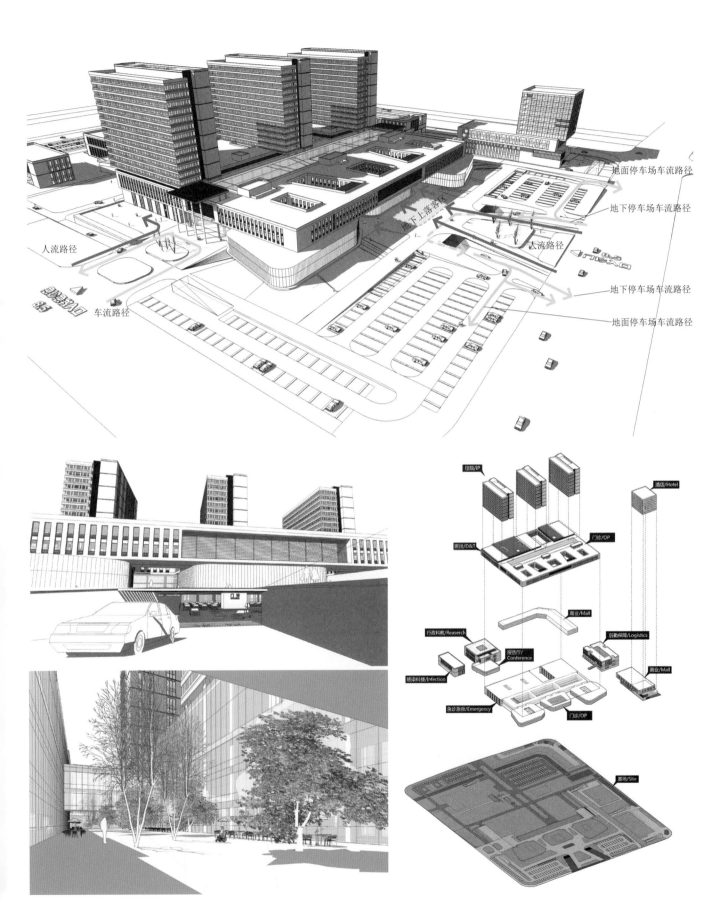

地面停车场车流路径

地下停车场车流路径

人流路径

车流路径

地下停车场车流路径

地面停车场车流路径

住院/IP

酒店/Hotel

医技/D&T

门诊/OP

行政科教/Reaserch

商业/Mall

报告厅/Conference

后勤保障/Logistics

感染科楼/Infection

商业/Mall

急诊急救/Emergency

门诊/OP

基地/Site

中央办理大厅

1F 急诊步行路径

商业综合体

1F 步行路径——连接公交车站

1F 教研区步行路径

车行路径至地下

深圳新华医院交通组织

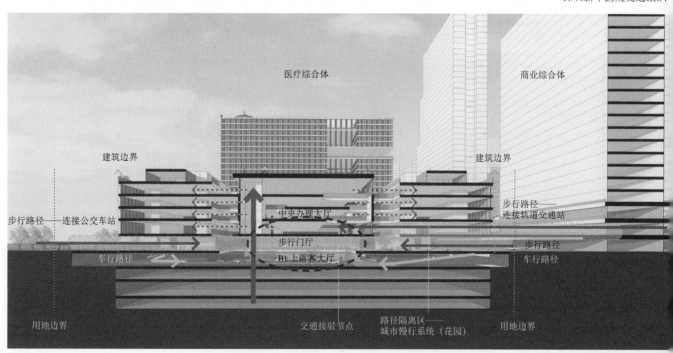

医疗综合体

商业综合体

建筑边界

建筑边界

步行路径——连接公交车站

步行路径——连接轨道交通站

车行路径

中央办理大厅

步行路径

步行门厅

车行路径

B1 上落客大厅

用地边界

交通接驳节点

路径隔离区——城市慢行系统（花园）

用地边界

深圳新华医院下沉广场

## 2.9 导视的数码语言

我们需要借助导视寻路系统来完成在医院看病的过程。医院由于功能复杂、科室繁多，导视就变得复杂无比，患者也就慢慢地变得"专业"了起来，开始熟悉了各种设备名称和医学术语，诸如核磁共振、碎石、神内、神外等，医院确实在治病之外还起到了医学教育的功能，但这实属无奈。

是否真的需要利用这些专业且拗口的中文名词指引患者？使用者在使用导视系统时，最关注的信息是什么？文字引导这种方式是否唯一？除了我们的母语，大众是否还懂得别的语言？

导视系统最主要的功能是寻路，由方向指引从而到达目的地，因此，"方位"先是"方向"，其后才是"位置"，需要的是让使用者迅速地"找到北"。那么，如何才能简单明了地解决"方位"指引？

现在，我们都在使用传统的中文导视体系。因为语言体系的不同，中文似乎总与现代社会的以计算机为代表的信息语言不太"兼容"。就单个汉字来看，总是表现出"独立"而"平等"的面貌，中文方块字的"平等"属性，也就与"逻辑"以及逻辑产生的信息传导有了距离。当我们在医院面对中文导视牌，特别是信息丰富的索引牌时，需要驻足检索，从平等的文字中拣出所需要的信息。其实，不光是中文，所有的文字似乎都无法迅速而清晰地解决问题，还是"找不着北"。于是，文字与数字往往会混合使用，但这样仍然不够令人满意，因为主导语言仍然是平等的文字。

好了，我们是否可以利用图标体系，把"识方块字"寻路变为"看图识路"？但困惑依然存在，因为医院系统的复杂，图标数量越来越大，系统也变得庞大无比，诸多图标中除了少数在其他公共场所出现的"面熟"的还能知其所云，其余的要么形象相似无法准确判断、要么不知所以，似乎还不如方块字更明确。关键在于图标是另一种图形"语言"，且是我们完全不熟悉的语言，我们不可能从幼儿园开始复读。

医院规模已经变得越来越大且愈加复杂，为了能够清晰引导，导视系统似乎也一直在做加法，标牌增加、标牌上的信息增加，载体也上天入地上墙地空间立体化、铺满了空间六面体；不光是数量，材质、标牌及字体大小、颜色，再配上灯箱，俨然成为空间的主角。

加法产生的后果，除了混乱了空间，更是搞乱了使用者。始终在提示使用者的信息，似乎也在提醒使用者：不要忽略及错过任何一个信息，否则你将步入歧途。

整个的就医过程会被啰嗦的导视系统弄得心烦意乱、辛苦无比。利用手机软件导航是个思路，但是以中文为系统的导视介入计算机代码的信息系统本身就很复杂，而且手机软件只是一种辅助性工具。

所以，需要解决语言问题。

在我眼中，好的导视系统需要建筑师、室内设计师、导视系统设计师与医院管理者的合作，最终的成果应该是这样的：

（1）信息载体数量及其中信息少到不能再少，够用即好。
（2）分级清晰、明确，各级差异明显。
（3）尽量少的分级。
（4）交通节点信息指向清晰化。
（5）信息清晰、载体退隐。
（6）与室内设计深度结合的多元组合表现方式——融入室内。
（7）与建筑设计及建筑风格深度契合的整体化表现方式——融入建筑与外环境。
（8）以外来使用者为主要服务对象。

我们需要做减法，并让导视系统不显山、不露水，回到配角的从属地位，并建立导视系统的逻辑性和系统性。

美国 Hablamos Juntos 图形码

# HJ Universal Symbols in Health Care

Positive Contrast (Draft 3.31.10)

**Facilities & Services**

FS01 Health Services
FS02 Emergency
FS03 Ambulance Entrance
FS04 Registration
FS05 Waiting Area
FS06 Care Staff Area
FS07 Intensive Care
FS08 In-Patient
FS09 Outpatient
FS10 Chapel
FS11 Pharmacy
FS12 Administration
FS13 Medical Records
FS14 Billing Department
FS15 Medical Library
FS16 Diabetes (Education)
FS17 Health Education
FS18 Interpretive Services
FS19 Social Services
FS20 Family Practice Clinic
FS21 OB Clinic
FS22 Immunizations
FS23 Nutrition
FS24 Alternative / Complementary
FS25 Laboratory (Liquids Testing)

**Medical Specializations**

MS01 Pathology
MS02 Oncology
MS03 Opthalmology
MS04 Mental Health
MS05 Neurology
MS06 Dermatology
MS07 Ear, Nose and Throat
MS08 Respiratory
MS09 Internal Medicine
MS10 Kidney
MS11 Cardiology
MS12 OB/GYN
MS13 Pediatrics
MS14 Genetics
MS15 Infectious Diseases
MS16 Dental
MS17 Anesthesia
MS18 Surgery
MS19 Physical Therapy

**Imaging**

IM01 Radiology
IM02 Mammography
IM03 MRI / PET
IM04 Ultrasound
IM05 Imaging (root category)
IM07 - 10 Imaging (alternates)

通过逻辑性实现导视，而不是通过一个个独立的载体本身。

如何在日趋庞大的医院中将所有的位置信息进行有逻辑性的编排，似乎是个复杂的事情。

美国对于高速公路网络的编码系统可以提供某种启示，美国的高速公路的编码先是分级，按州际公路、国道、州内公路、郡内公路分级，并以不同位数的数字区分。目前医院的分级导视系统与此是同样的思路。按奇、偶数由西向东和由南向北区分走向和位置排序，再以色彩区别。所有的这些分级和排序，是由英文字母和数字控制的，逻辑产生了、顺序排列了、信息传导也出现了。如此庞杂的系统，由数字和字母变得简单了。具体的地名藏在了系统的身后，位置提示仍然存在，在你即将到达的目的地之前出现。对于在高速公路上快速驾驶的人来说，最少且最重要的信息提示最为有效。类似的编码方式其实也出现在我们的日常设计工作中，我们对于二维建筑平面图的编码也是以字母和数字来进行的，横向以数字、纵向以字母。

美国高速公路编码系统

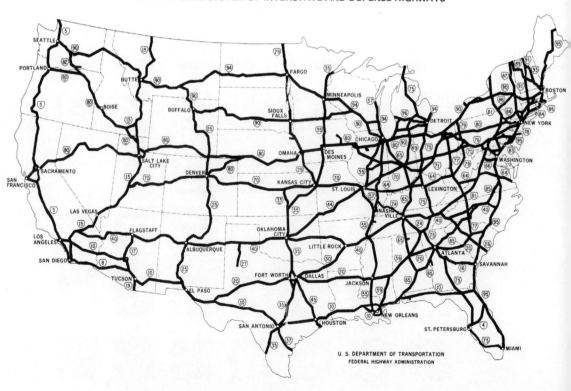

医院导视系统的位置信息远不如高速公路这般庞大。我们能否尝试换一种语言，一种有逻辑关系的语言？

英文字母与数字是世界上仅有的有排列顺序、简单且能形成信息传递的符号体系，人们也很容易通过其排列顺序，产生对下一步的判断和推测，从 1 可以判断 10 的方向和距离，同样可以由 a 判断 c。这种由顺序产生的序列感产生了更为直接和明确的导向，这是任何文字指引无法比拟的优势。

这是一种数码语言。

以数码构建的一张方位指引的"地图"是一种简单、明确且有效的方式，且具有生长性和扩展性，大到甚至可以运用到整个地球，不是吗？看看地球仪上的经纬度线。

数码在医院导视系统中的运用，除了辨识度高、导向性强、可生长之外，也会附带产生良好的经济性。数码系统的信息提示可以大量减少信息载体的数量，将空间还给空间本身，因为数码系统的一级导视主要提示的是"方向"，而非"位置"，在单一的方向只需提示始末即可；此外，"方向"与"位置"的脱离，使得"方向"不因"位置"的改变而改变。医院的功能变化和功能扩展是常态，末端的房间功能、名称也经常改变，数码系统的一级导视可以做到以不变应万变。

数码系统所带来的阅读速度的提升则是另一种经济性的表现，不是有一句话吗：效率就是效益。阅读速度以及明确的指引，从而避免不确定性带来的盲目造成的路径重复和无效穿梭，不也是人性化的表达吗？

对于位置信息的需求，患者与驾驶者有一点是相同的，就是第一步的信息需求是"方向"，其后才是方向引导下的"位置"，以及如何到达这个位置。所不同的在于，医院建筑内是一种三维空间导视。从高速公路我们得到了 XY 轴的借鉴，Z 轴通过字母和数字的组合插入形成也不是一件难事，如此，我们就可以给医院建筑的每一个空间定义一个唯一的坐标。

建筑所有空间都以唯一的三维点位被确定下来，手机软件导航便可轻松实现，三维的楼层定位只需一只小小的感应芯片便可搞定。把这张空间位置定位网纳入医院的信息管理系统，医院的医疗临床管理、办公管理、后勤管理可以在一个新的平台上展开。这个平台可以产生的大数据的潜在效益是无法预估的。

百度地图可以通过定位后的大数据描绘出春运期间人员流向、Google 可以以夜间灯光强弱来分析各国的经济发展水平，医院是否可以通过大数据来确定各个科室业务流量、预测未来医疗业务发展、科室的空间需求、改善医疗空间位置及布局等，从而提升医院精益的管理水平呢？

随着科技的发展及应用水平的提高，建好平台后，可做的事情还有很多。

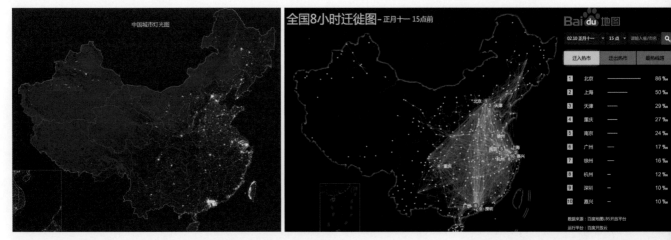

Google 生成的全国夜晚灯光亮度，据此可分析中国各区域的经济发展水平

百度地图生成的全国春运期间 8 小时迁徙图

各大IT企业都在争抢地图信息服务并向公众免费开放。
他们都是当代活雷锋？
他们看中的是利用云平台据此可以掌握大数据。
借助于大数据，可以产生很多潜在价值。

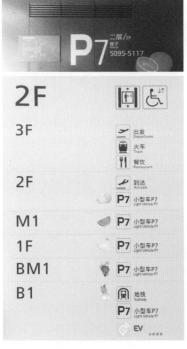

上海虹桥交通枢纽停车楼导视系统

数字、字母 + 水果图形 + 图标 + 文字

我和构成维森的李长胜、北京朗美装饰的秦乙波、广东华方建筑设计公司（建筑师、室内设计师、导视系统设计师），开始在佛山市妇女儿童医院项目上尝试以数码为导向的一套新的导视系统。在我们介绍了这套系统的构思后，得到了医院郭晓玲院长、苏晞副院长及其他领导的全力支持和鼓励，才得以有机会将想法变成做法，尽管目前看起来还不够完整和完善，最起码它是与传统体系不同的。

建筑空间被按照楼座—楼层—区域的方式进行水平和纵向的切割，形成小单元，数码保持了空间的连续性及序列性，这构成了室内的一级导视系统。与传统导视系统的分级比较，由于字母、数字系统的简单，这里将传统的一、二级导视（一级：大的功能分区，如门诊楼等；二级：二级功能科室区，如内科）合并，并增加了楼层信息。多楼座方向的交通节点处显示楼座—区域指向，进入楼座内某层的交通节点处则仅仅显示区域指向，信息被进一步简化。下一级指引就只剩下房间了。方向确定通过这一级导视可以清晰完整地表达出来，并且将使用者直接引导到位置区域，而无须通过多级引导。

数码导视系统增加了中英文辅助信息，为不同需求和使用习惯者提供多样化的便利。诊室编号这类末端信息同样以数字出现，也仅仅出现在最末一级的导视系统中，当然还会在科室等候空间中有文字信息提供给使用者。如同高速公路的标识一样，它仅仅起到一个作用，就是提示使用者：您的目的地到了。

数码导视系统需要与医院的信息化系统连接，无论是网约挂号、现场自助或人工挂号、诊室内转诊、取药等，你拿到的挂号信息及下一步指令和目的地是以条形码和数码的形式明确地出现在打印条及手机软件的医院导航信息中，手机软件可以同时显示排队人数、预计的等候时间，并提供实时提醒。

下面你要做的就只剩一件事了，这就是：看看是否还有时间去喝一杯咖啡，然后循着方向去往目的地。

| 比较内容 | 子项内容 | | 传统导视系统 | | | 数码导视系统 | | |
|---|---|---|---|---|---|---|---|---|
| 主导语言 | 语言 | | 文字 | | | 数字+字母 | | |
| | 语言辨识度 | 文字平等、复杂、堆积；位置名称专业化 | 辨识度低 | | × | 数码简单 | 清晰、辨识度高 | ✓ |
| | 阅读速度 | | 速度慢 | | × | | | ✓ |
| | 逻辑性 | | 逻辑性弱 | | × | | | ✓ |
| 导视系统 | 引导的概念 | | 位置主导型 | | 位置—方向—位置 | 方向主导型 | | 方向—位置 |
| | 导视引导过程 | 宏观信息 | 1.索引信息 | 楼座文字信息 / 楼层信息 / 功能区域文字信息 | 位置—方向信息 | 宏观+中观信息 | 1.分级导视信息 楼座+楼层+功能科室数码方向信息 | 方向信息 |
| | | 中观信息 | 2.分级导视信息 功能科室信息 | | 位置信息 | 微观信息 | 2.分级导视信息 房间信息 | 位置信息 |
| | | 微观信息 | 3.分级导视信息 房间位置信息 | | | | | |
| | 导视分级 | 一级导视 | 楼座及功能分区信息 | | 第一级方向引导 | 一级导视 | 楼座+楼层+功能科室数码方向信息 | 方向引导 |
| | | 二级导视 | 功能科室信息 | | 第二级方向引导 | 二级导视 | 房间信息 | 位置引导 |
| | | 三级导视 | 房间信息 | | 位置引导 | | | |
| 信息载体 | 载体的信息内容 | | 平面位置信息 | 文字+方向信息、二维定位 | | 空间立体方向信息 | 空间信息、三维定位 | |
| | 信息载体空间分布 | 地面 | 功能区方向引导 | ○ | | | × | |
| | | 墙面 | 索引类信息 | ● | | | × | |
| | | | 楼层指示 | ● | | | ● | |
| | | | 本地功能区域信息 | ○ | | | ● | |
| | | | 房间信息 | ● | | | ● | |
| | | 吊顶 | 功能科室信息 | ● | | 方向区域信息 | ● | |
| | | | 功能区方向引导 | ● | | | × | |
| | | | 本地功能区域信息 | ● | | | × | |
| | 载体空间分布特点 | | 以吊顶为主要信息载体（导视系统独立） | | | 以吊顶及墙面为主要信息载体（与室内设计融合） | | |
| | 载体信息效率 | | 载体空间信息不分类，信息复杂、重复 | | | 墙面信息为本地区域信息、吊顶为方向区域信息。分类信息简单明确 | | |
| 经济性表现 | 信息载体数量 | | 多级导视 | | 多 | 分级少 | | 少 |
| | 导视系统弹性 | | 生长性、替换性差 | | × | 生长性、替换性好 | | ✓ |
| 信息化兼容度 | 手机软件：医院医疗、办公、后勤管理系统接入 | | × | | | ✓ | | |

传统导视系统与数码导视系统比较

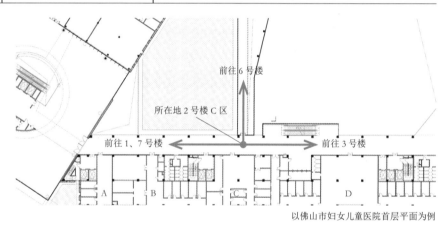

以佛山市妇女儿童医院首层平面为例

传统导视系统——吊顶为路径通道及本地信息位置信息 ←————→ 数码导视系统——墙面为本地信息，吊顶为路径通道方向信息

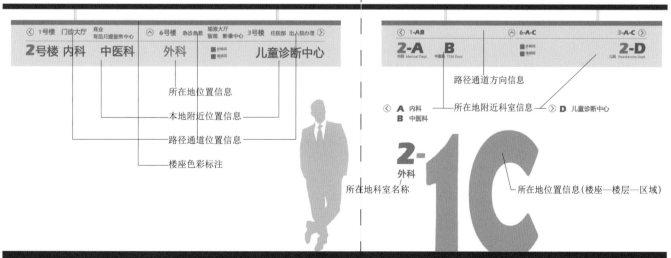

| 楼宇号 | 楼层号 | 区域号 |
|---|---|---|

# 2-01C

方向指向信息：信息量逐层减少

　（1）多方向交通节点处显示楼座方向；垂直交通节点显示楼座及邻近区域号方向。
　（2）楼座内垂直交通节点处显示楼座楼层及区域号方向索引（墙面）。
　（3）楼层吊牌显示前方通道路径楼号及区域方向。
　（4）墙面显示所在地位置信息（楼层—区域、目的地科室）及邻近路径本楼层区域方向，以供使用者与就诊条上的数码编号及手机软件导航进行位置确认。

# 01

## 01D
儿科 Pediatrics Dept.

## 01C
外科 Surgery Dept.

⟩

⟨

## 01B
中医科 TCM Dept.

## 01A
内科 Internal Medicine Dept.

电梯间 Elevator　步梯间 Stair

区域（科室）内的方向及位置信息，在入口处显示

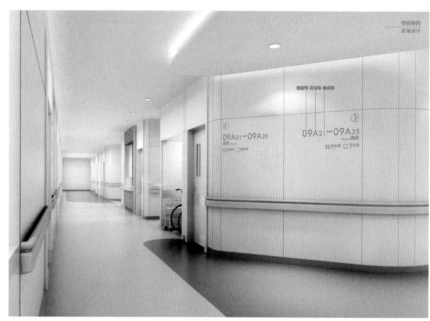

楼座内垂直交通节点处显示本楼座楼层及区域号方向索引（墙面）

数码导视系统适应互联网时代的交互习惯

# 第3章 近期设计实践

CHAPTER 3    RECENT DESIGN PRACTICE

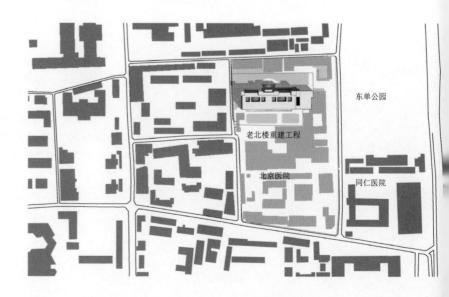

东单公园

老北楼重建工程

北京医院

同仁医院

国家卫计委北京医院老北楼重建工程

北京
2001—2006

项目总设计师：黄锡璆　谷　建
合作建筑师：　郭春雷　郝晓赛　徐立军

床位数：　　　116 张
基地面积：　　18400m²
总建筑面积：　60200m²
建筑高度：　　42.5m

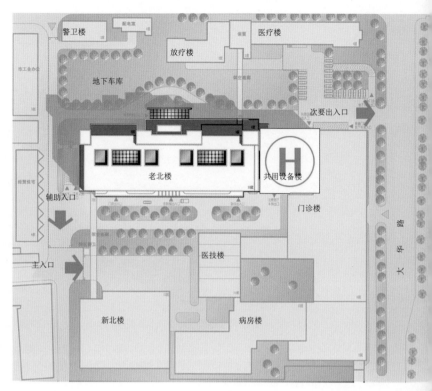

总平面图

## 限制的乐趣

我一直对似乎有百般解答且毫无限制条件的项目束手无策，因为不知如何下手，然后就会鸡蛋里挑骨头般开始给项目下套，希望能找到项目设计的命门。所以在16年前，当项目捆绑着不同服务和管理模式、高端大气上档次和城市中心区窄小用地等限制条件摆在面前时，很是一番小兴奋，因为有挑战，所以颇感刺激。

把16年前的设计拎出来"回头看"，不在于项目的规模，也不在于功能的复杂，而在于其不同以往。感触最深的可以归纳为一个词，就是"局限"，一个年代有一个年代的局限，我们所有过往的所思所为都是一个必须经历的过程，中国医院的进步也确实随着设计师的成长在发展，但彼时的设计能够有机会在人文关怀方面进行一些设计尝试，并以目前的视角来回望，还是一件挺有意思的事情。

建筑南侧

这是国内第一座全钢结构的医疗建筑，拆除的是基地原址上一座 5 层的灰砖苏式病房楼。虽是"重建"，我们还是想保留一些对于基地的记忆，无奈周边的建筑都已经被白色面砖的建筑充斥，因此灰 + 白成为建筑色彩的选择。之所以用钢结构，就因高度限制、功能需要的较大的跨度及建造速度的需要，内墙则用了与楼层同高的蒸压加气混凝土大板、通高的树脂板饰面、大块蜂窝铝外墙板等，放在今日，倒是与现时装配式建筑的行业导向挺吻合。

因为医疗任务的特殊，在就诊服务模式和管理模式上也就有所不同，使用上存在门急诊量小、高预约度的特点；老人患者多、行动能力差、住院周期长；对服务水准和环境舒适度的要求高；强调个人隐私、尊严和个人空间；以及北方气候因素，这是对项目的分析。

因此，在设计之初，对项目的分析便产生了一些关键词：集约、均好性、室内花园、人流分离、共享。

设计入手便是先将门急诊和住院叠放，并共享主入口，满足狭小用地建筑的效率及便于安保和封闭管理，并将病房均布置在南向，一字排开，保证同类病房在面积、布局、朝向等方面同质均好。大量患者的急救工作是在病房内展开的，移动医疗设备多，对病房的开间有一定的要求，需要采用大开间来满足救治需要。门诊和医技区域的等候空间，以 2—3 个诊室围合成组团式小候诊厅的方式，使患者和陪同人员有更为人性化和舒适化的等候空间，同时也对患者的私密性提供了更大程度的保障。

基地周围建筑较为密集，视线干扰严重，无法提供合适的室外休养空间，建筑外部空间环境条件与高标准的医疗服务要求相去甚远。根据北京气候环境和患者的特点，结合功能分区，楼内共形成 14 个室内花园，并部分设置了感应式玻璃采光顶，为患者提供方便的、在医护人员视野范围内的、不受外界气候影响的全天候室内空间花园，并试图以不同风格、四季主题的室内花园改变医院冰冷的气氛，使住院区域充满了生机和活力，使置身于高层医院建筑内的患者，即便是轮椅患者，能够在视野内和行动范围内触及绿色环境。空中花园同时也自然地分隔开病房和医护工作区域。

为满足建筑安保和封闭管理的需要，对不同患者、陪同、随员、医护人员和探视人员在路径设置、建筑出入口、车辆管理、垂直交通方面予以分离，互不交叉干扰。共用医技楼设置在病房楼和普通门诊楼与本工程之间，采用了双患分离的指状双通道布局方式，实现不同患者对大型医技检查设备的资源共享。

工程中除了气力物流传输、自动摆药机等设施外，中央除尘系统、场景调光系统、移动查房系统、冷却塔导风筒、备用 URV 空调、保鲜植物、树脂板等均为国内医疗建筑首次运用。

过程中，院方给了设计方足够的信任，获奖似乎也肯定了设计应对的挑战。回头看，尽管建成后总体尚好，但项目设计最应该出彩的空中花园和细节，却因设计水平的局限和种种原因留下了永久的遗憾，成为心中永远的痛。

"建筑是遗憾的艺术"只能成为一种无奈的自我安慰。此时耳边一直有一句话在回响：如果能再有一次这样的机会摆在我的面前……

室内花园——竹林

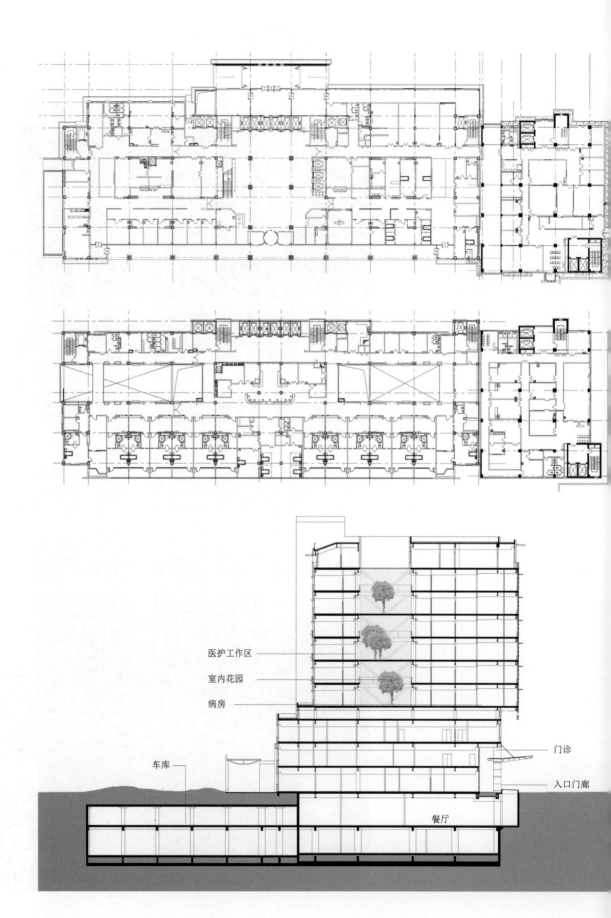

医护工作区

室内花园

病房

门诊

入口门廊

车库

餐厅

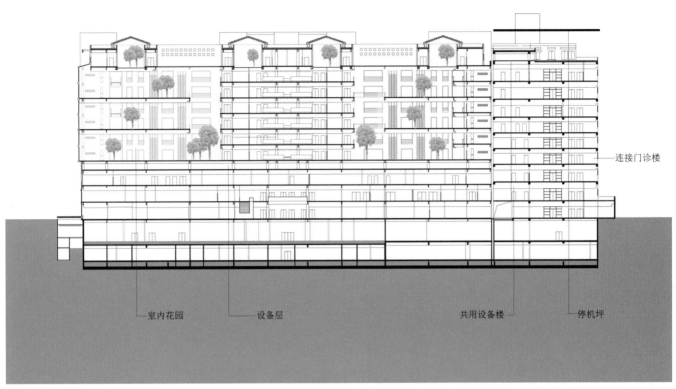

室内花园     设备层        共用设备楼     停机坪

连接门诊楼

病房封闭阳台                                            诊区走廊

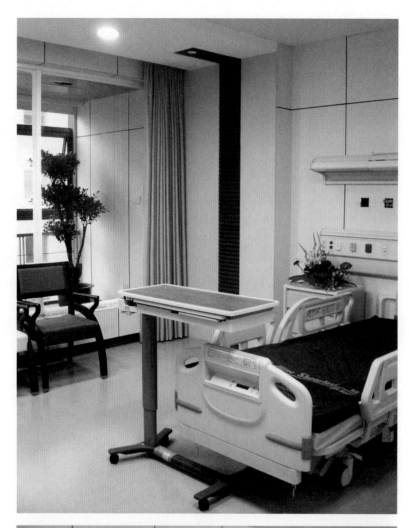

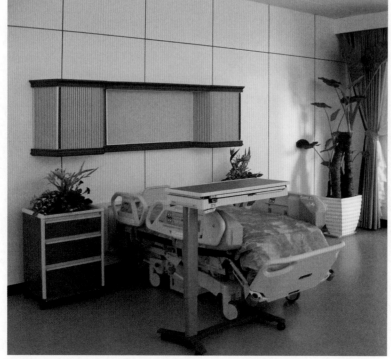

建筑北侧

室内花园

# 3.2

昆明医科大学第一附属医院呈贡医院

云南，昆明
2008—2015

项目总设计师：谷　建　黄晓群
合作建筑师：　石启雷　J Hofmann　赵晓颖

床位数：　　　1034 张
基地面积：　　79900m$^2$
总建筑面积：　162026m$^2$
建筑高度：　　53.7m

给个落地的理由

门急诊楼

[思]

谈到昆明，脑海中自然就会蹦出"春城"这两个字，宜人的气候、遍地的鲜花、湛蓝的天空……这些随之而来所产生的意象，似乎都是对于"春城"的注解，自然的馈赠赋予了昆明特有的环境。昆明的"四季如春"得益于其海拔产生的高原气候，年平均气温 21.4℃，即便盛夏和冬季，当地居民很少使用空调，更无人使用散热器。强烈的太阳辐射和光照、较低的湿度、较强的空气流动性是当地的主要气候特征，因此，在夏季，遮阳、蔽荫和自然通风所产生的降温效果十分明显。

这是个 1000 床的综合医院，依托于全省最负盛名的"云大医院"，坐落在呈贡这个想展示昆明乃至整个云南雄心和抱负的新区，因此，云南省委将项目定位于国家西南桥头堡战略支撑项目。当有机会为昆明、为呈贡创作一所全新的医院时，一个强烈的想法就是把昆明这种独有的环境特质纳入其中，它应该是有异于别的医院的，换言之，就是要为项目寻找一个在此处落地的理由。一座开放的、拥抱自然的医院——园林中的医院、医院中的园林的构思就产生了。

空中花园

ICU 内景

[ 构 ]

对于与自然产生亲密互动的医院设计，常规思维定式往往会将我们带入到分散式布局的窠臼中去，但这是个拥有 16.2 万 m² 体量的项目，流程的短捷、运营的经济高效、大型建筑所必备的简单、可辨识的逻辑性，是首先需要保证的，这种保证在一二期规划的布局方面得到了落实，一期的综合医院和未来的专科中心的门诊、医技和住院，在布局上基本是以同样的形态和相同的逻辑并联起来的，功能连接、扩展、设施共享、交通路径等方面的系统化衔接和组织，体现规划逻辑性、秩序性、开放性及可伸展性的特点。

标准化和通用性的模块化设计使医院单体建筑具有高适应性以及可移动、可互换的灵活性，每个功能模块可兼容 1—3 个独立科室，门诊模块间底层的开放空间可由室外直达分流。效率方面的表现首先以高效的功能模块组予以实现，依据功能关联度的强弱产生的功能模块组或贴邻或分层叠放，并形成模块组内部的独立垂直交通，实现关联度高的功能间的高效运行。

效率产生的另一方面来自内部交通体系的设计，通过建筑内极简、方便而直接的主交通体系框架以及功能科室内部至短而均衡的行走距离，减少患者和医护人员的无功往返，模块组的交通体通过一条 L 形的主交通通廊予以连接，简单清晰可识别；两组中心 ICU 的扇形设计模式在国内尚属首次运用，使护士站有最直接的视野和最短捷与均衡的距离。一个功能高效的医院模型已具雏形。

跨越开放的中央花园街的廊桥

阳光进入中央花园街，使这里成为充满阳光和希望的地方

小进深的门诊模块让阳光进入内院，改善自然采光通风条件

拒绝空调：开放的、与自然融合的空间引导气流组织

不使用空调的开放走廊

结合餐饮的下沉花园，改变了医院的气氛

[融]

为了与绿色融合，在设计中用了两把"手术刀"，一把"手术刀"的作用是要将大体量的模型化整为零、减小进深，让自然风和阳光进入，并将花园植入其中，这经历了将这个模型切开、拆分、拼接、缝合的过程，使园林与建筑在这里交集、穿插；另外一把"手术刀"的作用则是拆墙，将医院打开，让空间流动起来，开放的空间使园林与建筑在这里融合、贯通。

大体量建筑的化整为零、功能块的切割使建筑由块状变成了条状的组合，之间以花园作为连接链，包括内部的庭院绿化、开放空间与模块衔接的节点绿化，与地面绿化形成一个系统性的花园景观，建筑的各个部分被花园包围，并且这个绿化系统延伸至空中——各层开放公共空间绿化节点以及病区间的空中花园和下沉花园，形成多维度、系统化的绿色共享空间。板块内部的天井花园，则进一步减小建筑进深，除功能必要的科室外，一般科室进深最大不超过3跨，完成房间外部视景的绿色转换，局部的内核房间则采用高窗方式，与开放的公共空间或天井花园形成对流。医院的12个南北错层两层高的空中花园夹在同层的两个病区之间，保证每个病区都有独立的休憩花园空间，又能共享同一组垂直交通。开放的空间、医院中的花园、花园中的医院使医院的气氛得到了彻底的改变。

病房的双层表皮外墙

低技的呼吸系统改善气流、避免阳光直射，
并提供了方便的晾衣空间

所有开放的公共空间没有设置空调系统，全部采用自然通风，这对于降低能耗作用明显，成为昆明第一座公共空间不使用空调的大型公共建筑，这种为昆明的特定气候所做的设计尝试，我们期待它能带来示范效应。对于医院建筑来说，另一方面的好处是降低了院感的风险。

避免阳光直射和降低能耗损失，遮阳则是气候适应性应对表现的另一只抓手。门急诊楼东、西和南侧设计了穿孔铝板遮阳，避免阳光直射和上下层窗户位置不同所产生的零乱感；住院楼南侧的竖向枝状铝构件和局部横向穿孔铝板遮阳的形式，在两层表皮间形成空气间层，使建筑可以进行调节，成为室内外空气交换的过渡层，并强化自然通风效能，这种表皮还起到晾衣作用的空间，既方便了患者的使用，又避免在室内挂衣的凌乱、不雅和"万国旗"的尴尬。在造价方面，铝板遮阳作为建筑的第一层表皮，在用材数量上比满覆要少得多，建筑真正的围护墙体采用涂料处理，整个外墙系统的造价较之建筑整体用铝板并无提高。

[感]

虽然项目的设计理念在实施中基本得到了贯彻，但项目的落地过程却是漫长而艰难的。由于种种原因，很多设计中的细节被简化、省略甚至改变，使建筑始终有未完成之感，实际上也确实并未完成，这不能不说是一种遗憾。项目从设计开始到完整的落地，犹如婴儿的呱呱坠地到长大成人的过程，是个复杂并充满风险的过程，充满了变数，需要各方的精心呵护、尊重、共识和才智凝聚。

好也罢、坏也罢，我们都需要给项目落地一个理由，给彼此一个理由。

1. 中央花园街
2. 门诊大厅
3. 辅助入口
4. 放射科
5. MRI
6. CT
7. 功能检查
8. 核医学
9. 咖啡厅
10. 室外休闲平台
11. 出入院办理
12. 住院部药房
13. 住院部大厅
14. 下沉花园
15. 急救
16. 急诊
17. 门诊治疗、输液
18. 发热诊区
19. 预防保健
20. 儿科诊区
21. 预留

首层平面图

1. 妇产科
2. 中医科
3. 眼科
4. 耳鼻喉科
5. 行政办公
6. 输血中心
7. 急诊手术
8. 门诊手术
9. 中心手术
10. 病理科
11. 护理单元
12. 空中花园
13. 患者、探视电梯
14. 医护电梯
15. 手术专梯
16. ICU
17. 连接二期通廊
18. 手术通廊

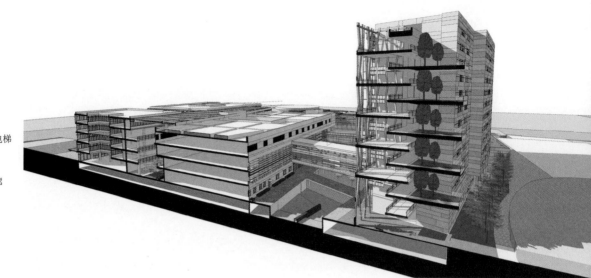

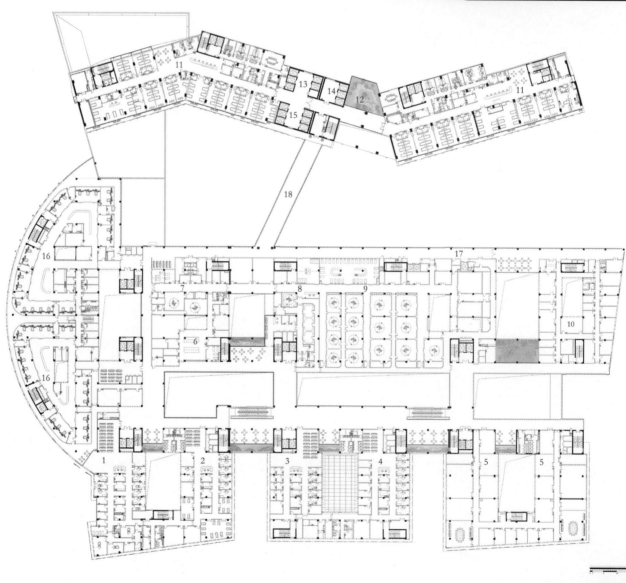

三层平面图

病房楼入口

门诊模块

空中花园

住院大楼

中央花园街走廊

近期设计实践 | RECENT DESIGN PRACTICE

# 3.3

苏州科技城医院

江苏，苏州
2010—2016

项目总设计师：谷　建　陈　兴
合作建筑师：　张海龙　J　Zhu　陈　昊　王永良　郑　妍

床位数：　　　800 张
基地面积：　　93240m$^2$
总建筑面积：　182062m$^2$
建筑高度：　　52.35m

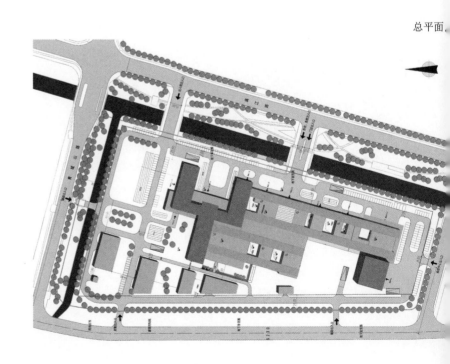

东侧主入口

## 苏州的眼光

尽管从项目方案招标到建成跨越了 6 个年头，但大部分时间是用在了建设方"寻亲"的过程中，建造这座 18 万 m² 的医疗建筑实际上是在两年的时间里完成的，包括了设备调试和验收，这在我的从业经历里是第一次，习惯了四到五年完成一个项目建造的我，颇有职业生命被拉伸延长了的感觉。所有建造程序环环相扣，流程科学合理、步骤细密紧致，凡事有标准、有程序、有眼界、有方法，让人叹为观止。

老苏州给人的印象一直是小桥流水、粉墙黛瓦，精致、细腻而优雅。新苏州仍保有骨子里的精致细腻，却更多了份时尚与大气，但却是理性和有品位的，有钱而不任性，这是城市文化的传承，也是底蕴。苏州科技城则是这座历史名城最新的一张名片，在这里，高科技企业云集，其中不乏先进的医疗设备和物流设备厂商，因此，把这些先进的产品在这个项目里做个集成和展示，表现出科技城的"科技"也就顺理成章了。

设计的过程并无太多周折，具有苏州眼光的科技城管委会、医院使用方对于好的设计概念似乎具有天然的接受度，并一直在做给予设计提升的工作，因此，项目的设计应该说是双方共同促进的结晶，回过头来看，整个过程也相当愉悦。

项目用地总体呈梯形，南北狭长，总长度约 400 m，沿基地东侧有小河流过，空旷的周边并无多少限制条件，因此，规划布局的重点就放在了地形的适应性以及城市界面的均衡和建筑群体的节奏把控上了。

建筑需沿东侧漓江路展开，并将医疗的功能动线压缩在一个合理的范围内。在布局上，将不同的功能区块赋予同样的属性，分立后再被整合成为一个整体，"多体量交织、低层高密度"形式也呼应了传统的苏州建筑群落形式。一条变截面的大通廊串联了所有的功能，以这种极简的方式明晰了医院内部功能的逻辑关系，简单易读，为患者提供明确的导向感、指向性和舒适的空间感受。医疗功能动线被压缩在120m的长度范围内，功能间的关联度决定了相互间的位置和公共空间所设定的尺度。

病房区设计的着眼点则在医疗服务和交通效率的提升上，同层三单元集中护理的模式，形成"护理层"，加强护理单元之间的支持，提高护理效率，共享物资供应，协调护理人员配置及夜间管理；品字形的布局方式使各自的入口集中在了同一点，各自既成尽端，也方便病区的管理。集中的入口面对的是一组共享电梯的核心筒，并按适用人群和功能分组，尽管电梯数量只是常规设计的60%，但电梯在使用效率、负荷均衡程度及保障性方面却得到了提高。

先进的物流系统和信息化是提升医院效率的催化剂，在物流系统的选择上，医院表现出了苏州的眼光，尽管管委会不差钱，但对于先进的系统不是无选择地全盘接纳，而是理性而审慎地考虑适用性。医院装备了轨道小车物流系统、气动传输系统、垃圾及污衣智能收集系统、自动化药房、智能更衣管理系统等多种物流和智能管理系统等；65m² 的手术室无菌品智能仓储水平回转系统配备了两条巷道，一条存储费耗材，一条存储无菌器械包及耗材包，使得提取单件物品的耗时压缩到15秒之内。手术室医疗行为管理系统实现了从"人管人"模式到"系统管人"模式的转变，手术衣鞋内装有射频芯片，不仅可实现智能分配和智能回收，还可自动识别人员身份，可为每台手术节约10分钟的准备时间。手机软件实现实时导航及医保卡脱卡结算、预约、短信推送、远程健康管理和健康跟踪回访、科普教育等，使病人看病更加方便，先进的智能化和移动互联技术的应用使医院更加智慧。科技含量还体现在多专业技术的集成上，包括雨水收集系统、太阳能利用技术、楼宇自动控制系统等，获得绿色二星认证标识。

苏州的眼光还体现在区域集成上，城市区域社会资源的共享和社会化服务也走在中国的前列，并结对多个社区卫生服务机构，形成联合与支撑。

因为有眼光，所以发达。

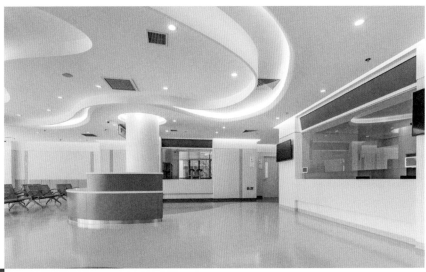

儿科门诊大厅

哈佛医学中心及学术报告厅

哈佛医学中心及学术报告厅

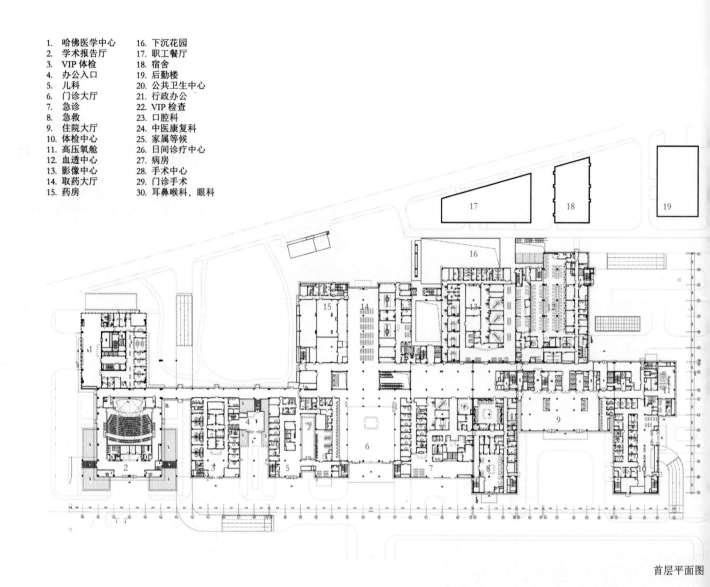

| | |
|---|---|
| 1. 哈佛医学中心 | 16. 下沉花园 |
| 2. 学术报告厅 | 17. 职工餐厅 |
| 3. VIP 体检 | 18. 宿舍 |
| 4. 办公入口 | 19. 后勤楼 |
| 5. 儿科 | 20. 公共卫生中心 |
| 6. 门诊大厅 | 21. 行政办公 |
| 7. 急诊 | 22. VIP 检查 |
| 8. 急救 | 23. 口腔科 |
| 9. 住院大厅 | 24. 中医康复科 |
| 10. 体检中心 | 25. 家属等候 |
| 11. 高压氧舱 | 26. 日间诊疗中心 |
| 12. 血透中心 | 27. 病房 |
| 13. 影像中心 | 28. 手术中心 |
| 14. 取药大厅 | 29. 门诊手术 |
| 15. 药房 | 30. 耳鼻喉科、眼科 |

首层平面图

四层平面图

下沉花园

医疗区主通廊

南侧局部外景

门诊大厅

门诊部取药大厅外景

手术部无菌品智能仓
储水平回转库房

门诊模块间花园

行政办公门厅

深色横竖向显框玻璃幕墙

铝型材扣板

窗下槛墙外衬竖向铝装饰条板，尺寸 10×140×800（H），暖灰色

层间墙外衬竖向铝装饰条板，尺寸 10×140×970（H），棕色

铝装饰条板后衬同色铝板

行政办公入口

病房外墙细部研究

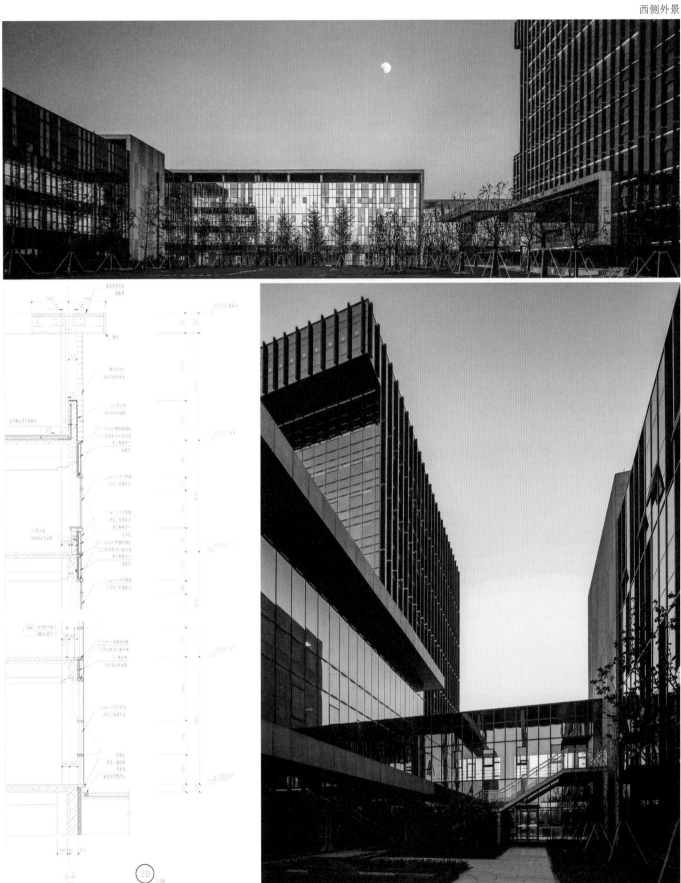

病房墙身节点

行政办公入口夜景

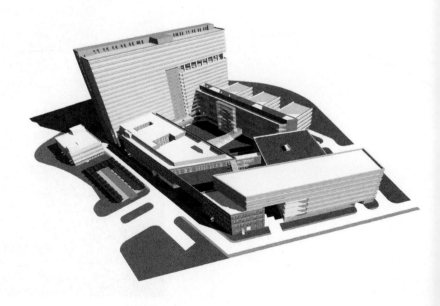

佛山市妇女儿童医院

广东，佛山
2014—2019

项目总设计师：谷　建　宫建伟
合作建筑师：王　蕾　张丽欣　潘　洁　何　源　牟维勇
室内设计师：李长胜

床位数：　　　1000 张
基地面积：　　60798m$^2$
总建筑面积：　198000m$^2$
建筑高度：　　81.25m

建筑东侧

## "院"与"园"

【文】张丽欣

### 【创作理念】

初逢"佛山妇幼"，实勘场地梳理资料，提笔落笔草图勾勒。层层关系依依有了脉络。旋即闪出来的灵感便是如何将"院"点化成"园"。但怎样做到既不丢"院"的功能实用，也涵纳"园"的意境美景，是"佛山妇幼"需要解决的亮点和难点。

如上解析，"院"和"园"，含义各自为双。院：医院和院落；园：花园和乐园。如此以"园"为设计理念，重"院"的功能布局，"佛山妇幼"便如有定海神针。

面对拥有1000张床位，功能流线复杂、体量超规模、不仅服务于普通病患、也服务于大量产妇等健康人群的大型妇幼综合医院，如何让医院摆脱疏离冷漠的"医院神态"？如何让就医群体在医院感受到芝兰之室的氛围？解决好医院功能与空间院落的关系，平衡两者的要素，营造舒适的花园、乐园，便是整个项目创作的重中之重。

### 【解读场地】

设计伊始，定是对场地要素的分析与解读：相对紧张且不规则的用地；考虑预留扩建场地的可能性；解决多个城市界面车型出入口的限制条件。

风向和远期规划自然成为解决问题的突破口，多边形曲折基地进一步分解成三部分，中心医疗区采用围棋理论顺应切割后的场地，前后留出门诊步行广场和车行广场。再将建筑体量进行拆分，削弱对场地的压迫感，进一步减小建筑尺度，形成统一而富有韵味的形体和空间变化。

【平衡功能】

任何建筑都不是一个简单的院落概念，尤其医院，相对其他建筑更为理性，其复杂的功能需求与流线组织方式最终形成可以支配整体布局的结果。诊疗和医技空间的模块化决定了形体的规模和形制，各个功能区之间的关系和流线又决定了其层次的先后。

我们尝试突破常规的设计思路整合医疗功能。妇幼医院的特殊性和分中心的概念，是这个想法的催化剂。突出"分中心"既相互联系又相对独立的概念，将四部四中心进一步化整为零。医技与门诊之间插入一个大尺度下沉庭院，庭院上空以连廊、平台相互错落相连，影像中心解决采光问题的同时与急诊、门诊联系紧密。门诊大厅是联通地下落客乃至整个医院各个分中心的枢纽，南侧与妇儿保健中心、后勤保障中心相连。北侧串联起门诊主街、急诊急救中心、影像中心，病房则位于体量的最北侧，满足良好的日照和朝向，同时有效与门急诊人流区分，保持病房部分的相对安静。

【梳理流线】

利用不同的垂直空间，实现"人车分流、洁污分流"，分别安排公交车、出租车、私家车、员工车辆通道和洁污运输通道，避免人流、车流和物流的交叉，形成通畅的交通流线。机动车组织采用了地上地下相结合的方式，机动车从西侧道路进入院区后，即可以从地面到达门诊、急诊及住院楼，也可通过地下落客到达上述各功能区，从而有效缓解院区地面的交通压力。

使用中型箱式物流系统，通过吊顶空间实现物资自动化输送，避免"物流"与"人流"之间的冲突。在实现物资精益管理的同时，将空间进行梳理和重塑，有效优化了"人流动线"。

【院与园】

中国传统建筑最大的魅力就在于层台累榭。院子和院子的关系、院子和房子的关系、院子和绿化的关系，解决好这三个关系，一个空间的层次便分明了。

在"佛山妇幼"的设计里，院子便是整个建筑设计的核心。上下参差，内外有别的院落穿插在不同的空间组合里，或居中成院，讲究围合；或切角为庭，以建筑环绕；或建筑与庭院各占一边，遥相呼应；在各式的院子类型中体现着不同类型院子的丰富性、差异性及趣味性。丰富组合的本身也自然而然地为营造花园和乐园提供了更多的可能性。除此之外，加上温暖的色彩设计及柔和的材料选择，完全打破了医院带给人们冰凉理性的固有印象。

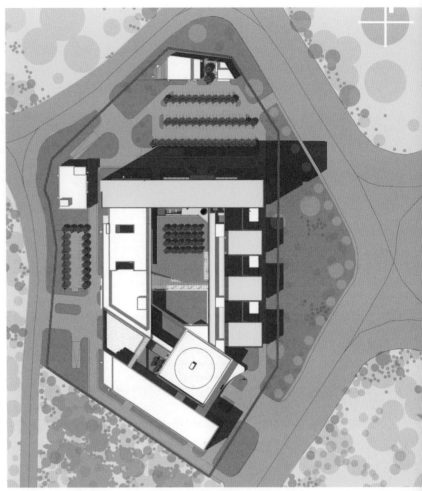

总平面图

【结语】

设计是一个复杂和持久的工作。创意设计在于不断地推敲和权衡利弊。同时，还需要延伸到后续的设计当中。取舍也是一个痛苦的过程：为了解决地下一层停车落客与首层医疗街的关系，我们反复推敲最优的解决方案；医疗流线最短、功能第一的原则也让我们牺牲了概念方案中较多的架空和退台；外墙的低矮花槽、遮阳板高度与视线遮挡墙身的推敲；门诊与医技之间的连廊最终恰到好处地整合在影像中心局部挑空的部分。

每一次的修改都是设计，"再设计"的本身也充满挑战和趣味性。

造园的过程即是体物的过程。建筑设计也是在同样的体察过程中立意创新。医疗建筑师除了要平衡复杂的医疗功能，也是为医生和患者等未来一系列使用者搭建平台的媒介者。

故此，不断学习、了解使用者、不断去体验才是我们集腋成裘的唯一方式。

西南鸟瞰图

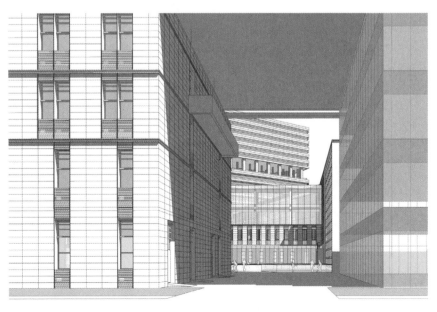

南侧局部

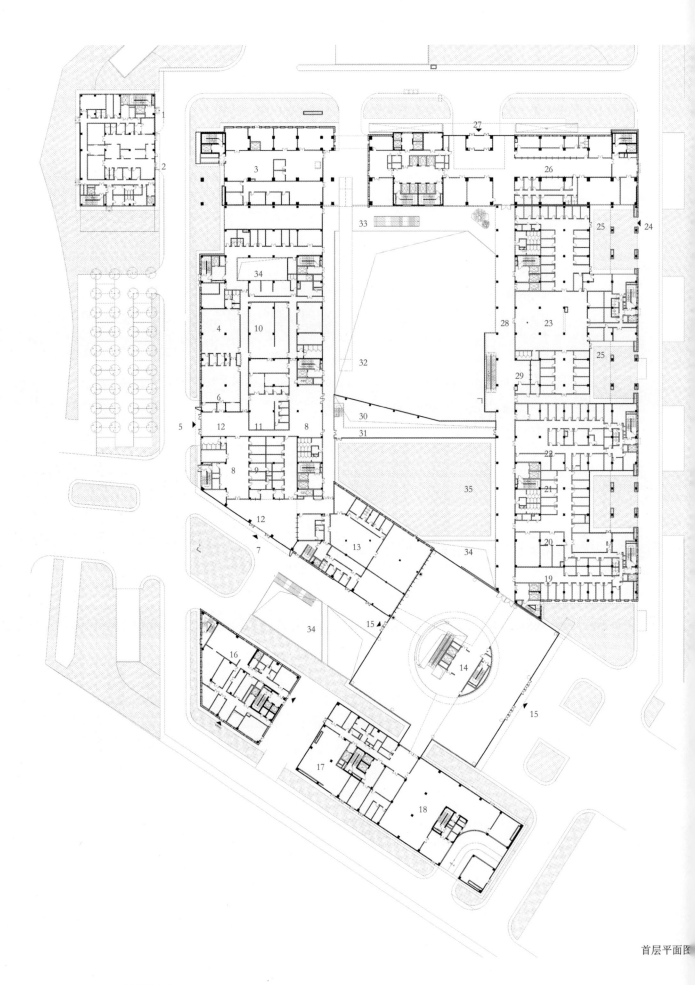

首层平面图

1. 公卫中心住院入口
2. 公卫中心门诊入口
3. 设备维修
4. 留观
5. 急救入口
6. 抢救
7. 急诊入口
8. 等候
9. 诊室
10. 儿童输液
11. 成人输液
12. 大厅
13. 药房、取药
14. 门诊大厅
15. 门诊入口
16. 厨房
17. 育苗月嫂服务中心
18. 餐饮、商业
19. 社区卫生服务中心
20. 内科
21. 中医
22. 外科
23. 儿科门诊
24. 儿童诊断中心入口
25. 儿童活动区
26. 出入院办理
27. 住院入口
28. 医疗主街
29. 分层挂号收费
30. 影像中心候诊厅上空
31. 走廊
32. 下沉花园
33. 景观平台
34. 天井内院
35. 屋顶花园
36. 手术部辅助区
37. 换床
38. 中心手术、门诊手术
39. 苏醒
40. 内镜中心、介入中心
41. 教学
42. 体检
43. 门诊大厅上空
44. 妇女保健中心
45. 儿童保健中心
46. 儿童康复中心
47. PICU
48. 家属等候
49. 中心庭院上空

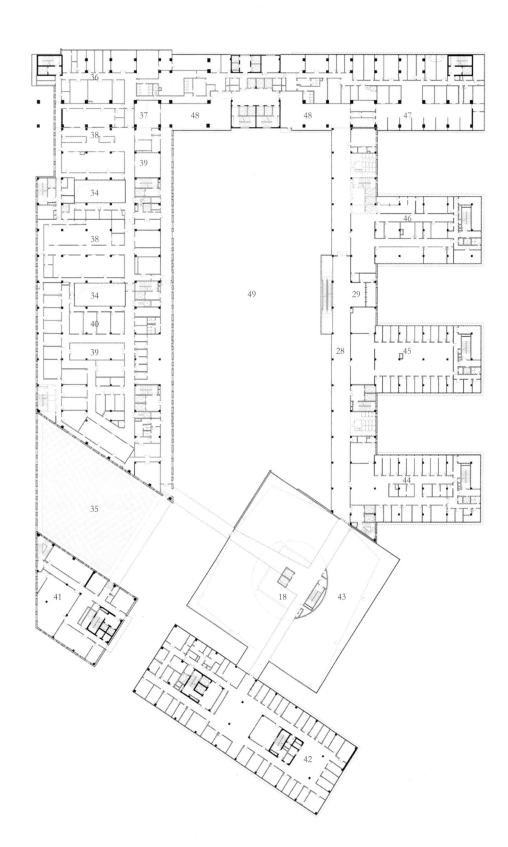

四层平面图

门诊大厅

西侧门诊次入口前下沉花园

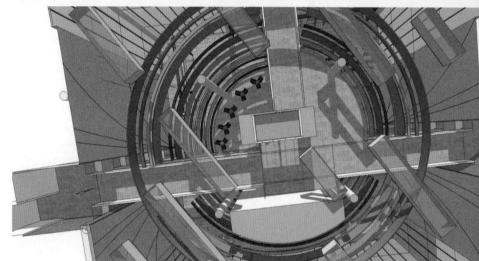

门诊大厅枢纽顶视图

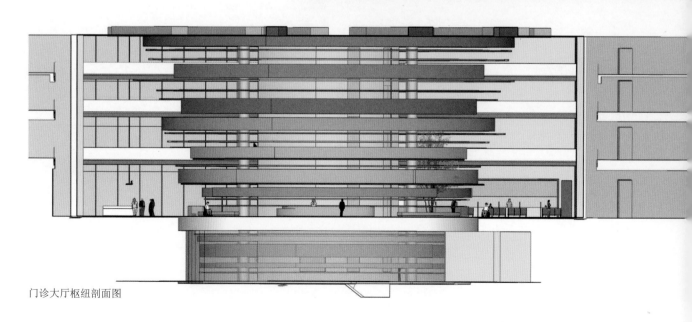

门诊大厅枢纽剖面图

儿科门诊等候厅

住院部大厅

急诊部大厅

观景平台

病房楼空中花园活动区

# 3.5

北京大学第一医院城南院区

北京
2014—2020
项目总设计师： 谷　建　宫建伟
合作建筑师：　王　蕾　潘　洁　穆晓燕　尚文昊

床位数：　　　1200 张
基地面积：　　106317.76m²
总建筑面积：　216100m²
建筑高度：　　57.8m

近期设计实践 | RECENT DESIGN PRACTICE

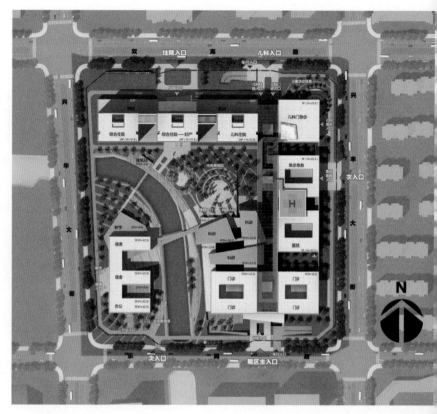

总平面图

# 理性中的情怀

【文】王蕾

都说建筑师是感性动物，喜欢根据自己的好恶给出创作主题。而医疗建筑由于功能性复杂，则被看作是最理性的建筑类型。医疗建筑设计属于命题作文，感性和理性通常被认为是一对矛盾体，在医院建筑创作中反复交织并困扰着建筑师。

创作，则是建筑师将这对矛盾体通过形态、空间、色彩等与功能的结合，将对项目的理解与审美，物化为建筑语汇阐释出来。所以，对一座建筑的表达，也是建筑师的性格和情怀的释放。

厚重的历史积淀、高尚的道德文化和一流的行业水准是"北大"基因的折射，"水准原点"静静地坐落在北大妇产儿童医院的院区当中，见证这座历史医院带着不变的基因沉稳地走过了百年。稳重的形体，暖灰色的砖墙，无一不显露出这座医院理性的气质。当北京大学第一医院（以下简称北大医院）将目光投射到城南大兴区的时候，人们的目光所及，并不在于这是一所新医院、一座新建筑，而是这所1200床的"北大医院"将如何传承百年基因。

坐落于北大妇产儿童医院院区内的水准原点

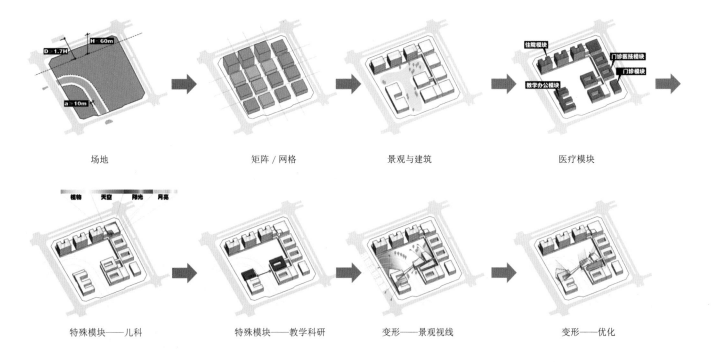

| 场地 | 矩阵／网格 | 景观与建筑 | 医疗模块 |

特殊模块——儿科　　　特殊模块——教学科研　　　变形——景观视线　　　变形——优化

**【平面构成——理性中的一朵小花】**

医疗建筑是一种"令人敬畏的建筑类型"，有着复杂的医疗工艺的要求。医疗工艺流程设计的好坏，直接关系到医疗行为和就医流线的便捷与效率。也正因为如此，医疗建筑有着特定的平面布局模式。当然，北大医院城南院区的设计首要满足的也是医疗流程的需求。

院区的规划以最能代表北京城特色以及老北大格局的矩阵概念引入，以方正、严谨、模数化为框架，在用地极为紧张的条件下，将处于外围的模块定义为建筑体量，占边布局的模式，实现了基地利用的最大化，也使得城市界面得以延续。这种矩阵式布局是规则的，逻辑是简洁的，医疗流程是清晰的，体现的完全是理性的布局方式。

我们没有止步于理性的流程需求。

通过分析北大医院具有自身独有的特征，包括优势学科多、学科融合度高、科研任务重等，这种特性给了我们感性的切入点。将院区中部的科研模块进行了扭转、变异，三片小花瓣跃然纸上，一朵小花盛开在了院区中央。在院区周边医疗模块的衬托下，显得尤为生动。不仅凸显了北大医院国家队的科研地位，也融入了设计师的小小情怀。

【色彩对比——宁静中的一抹亮色】

一切物体都离不开色彩，色彩作为最直接的一种表现方式，成为塑造建筑性格、表达建筑情感的有效方式。色彩是物化建筑性格和情感表达的载体。

提起北京城，不少人想到的是灰墙灰瓦、低矮有序的四合院。灰调曾是老北京的象征。北大医院本部地处皇城保护区，为与老北京城风貌相协调，一直以来，北大医院始终以灰砖作为建筑基调。城南院区仍然以暖灰色砖墙作为医疗建筑模块的主色彩。传承了北京城的色彩，也沿袭了老北大医院的肌理。灰色是古朴而稳定的，灰色是庄重的。院区中灰色的主色调带给病人的是稳定感和宁静感。它可以安抚紧张情绪、降低压力，起到镇静的作用。这和医院的使用功能是吻合的。

新凤河给了用地面向城市主干道的一个窗口

然而简单的继承不免使建筑群体陷于平淡。眼中的北京灰是复合的，这种灰不仅可以将皇家的高大红墙衬托得更加辉煌壮丽，也能将小院红门的市井生活显得更加生动，我们手中的调色板也不应该是单一的"灰"，它也同样是多元和丰富的"灰"，于是，调色板中便出现了暖灰色和红色。红色外墙仿佛有一种独特的建筑信仰，在高等学府中十分常见，同样也是北大红楼的主色调。我们将院区中央的科研模块附上有着厚重学府气息的红色，重构于院区当中，成为整个院区的视觉焦点。

在城南院区的色彩设计中，设计师一方面将传统色彩文脉予以巧妙延伸，满足了北京人、老北大人对传统色彩依恋的情感诉求；另一方面闪耀在灰色中的那抹红色不仅散发出悠长的经典意境，也将现代都市的时尚气息予以传递。新凤河为用地在面向大兴区"长安街"的兴华大街打开了一个窗口，这抹红色也耀眼地投射到了城市。

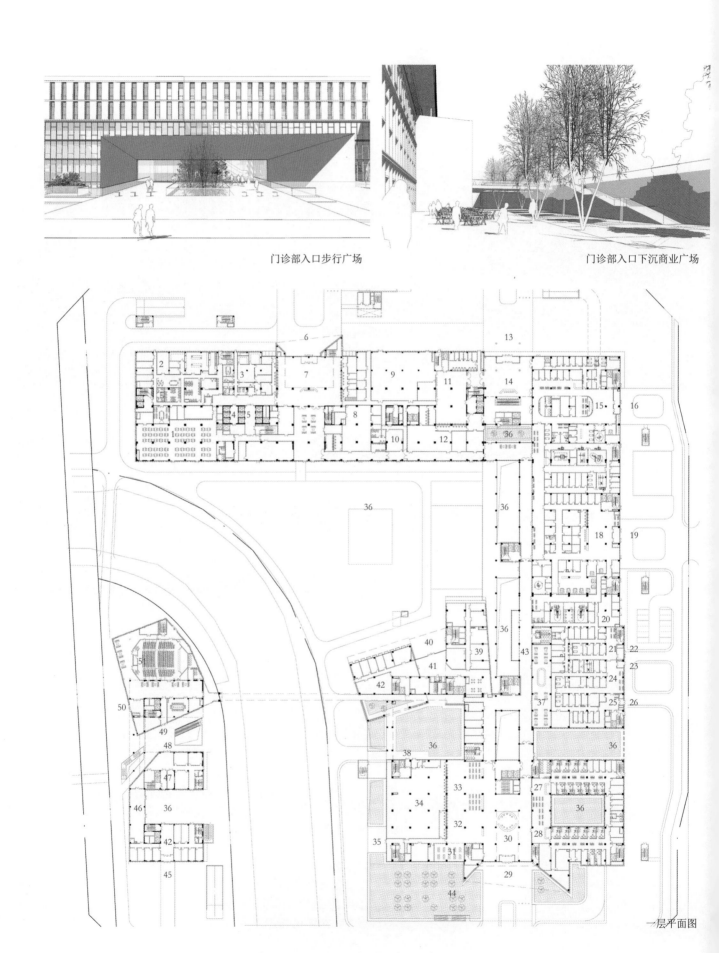

门诊部入口步行广场

门诊部入口下沉商业广场

一层平面图

一层平面图功能索引
1. 职工餐厅
2. 病理科
3. 输血科
4. 医护、手术电梯厅
5. 患者电梯厅
6. 住院部入口
7. 出入院办理大厅
8. 住院药房
9. 变配电
10. 病案室
11. 儿科出入院办理
12. 儿科药房
13. 儿童医院入口
14. 儿童医院大厅
15. 儿科急诊急救
16. 儿科急诊部入口
17. 急诊影像
18. 成人急诊急救
19. 成人急诊部入口
20. 急诊介入治疗
21. 发热门诊
22. 发热门诊入口
23. 普通感染门诊入口
24. 普通感染门诊
25. 肠道感染门诊
26. 肠道感染门诊入口
27. 妇科诊区
28. 产科诊区
29. 门诊部入口
30. 门诊大厅
31. 自助服务区
32. 挂号收费
33. 取药
34. 门诊药房
35. 体检入口
36. 庭院
37. 商业服务区
38. 核医学出口
39. PI 工作室
40. 科研入口
41. 科研门厅
42. 办公
43. 主通廊
44. 下沉商业广场
45. 行政入口
46. 展厅
47. 教室
48. 教学入口
49. 公寓入口
50. 学术中心入口
51. 学术报告厅

四层平面图功能索引
52. CCU
53. 医护辅助用房
54. 介入治疗中心
55. 苏醒室
56. SICU
57. 天台花园
58. PICU
59. 视频探视
60. 家属等候
61. 儿童活动区
62. 儿科诊区
63. 急诊病房
64. 生殖中心
65. 眼科
66. 皮肤科
67. 联合诊区
68. 动物房
69. 信息中心
70. 宿舍 / 值班

教学行政楼沿街灰空间

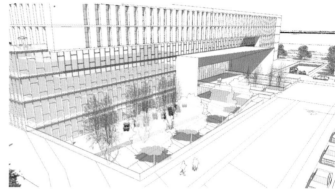

门诊部入口空间

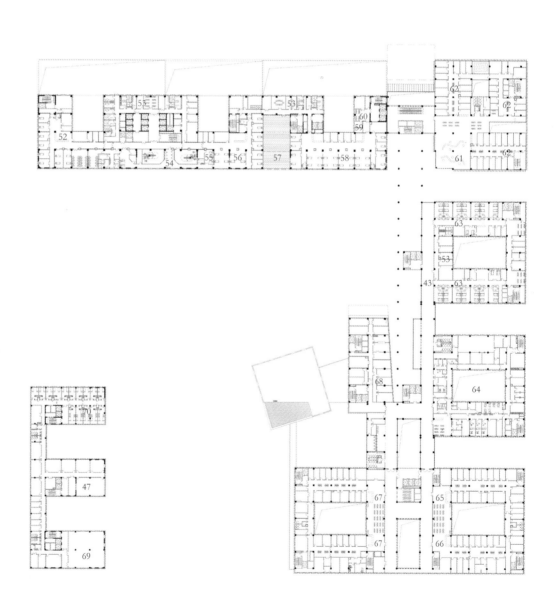

四层平面图

171

【形态的塑造——根植在共性中的个性雕塑】

建筑的外观造型是建筑内部功能的外在表现，所谓"相由心生"，医院的建筑造型首先必须是在满足内部功能空间要求的前提下，结合外部的环境空间进行的设计。

北大医院城南院区项目是一群建筑的组合，建筑群体占据了一个街区，因此对主体建筑的造型设计求得整体的协调统一，力求简洁大方，在形体上采取了一种谦逊而平和的姿态，毫不掩饰它的医疗建筑的共性。没有附加太多的累赘从而避免错综复杂的累赘感。

在建筑平和外观的基础上，对建筑个性的适度表达会增强医院建筑形象的标志性，使其具有特征性和可辨别性。城南院区在沿袭北大稳重气质的外部框架下，设计师尝试从内部突破，在模块化的基础上进行形体的延展、削切、变化，使院区中心的科研楼成为散落在景观当中的雕塑，使其自身既是供整个院区欣赏的视觉中心，也是功能布局的自然流露。

游走在其间的观景平台、亭子以及廊桥，使室内外相互渗透衔接，最终实现景观与建筑的融合，营造出转换于"看与被看"之间的风景。毕竟适应建筑功能的个性特征才是真实而美观的。

医院建筑设计很容易让设计师止步于理性的功能满足，在埋头寻求功能合理的同时，建筑师往往容易忘记如何去挖掘建筑改变环境、改变使用者感受的潜力。

每一件作品都能反映出设计师思考问题的态度，当有匠心的设计师拥有一份情怀，建筑便不再是死物。每个人或多或少都会拥有自己的情怀，作为设计师拥有自己的情怀并不困难，难于如何表达在设计中，如何通过设计的手段，以情怀去解决问题。这也是设计师不断追求的境界。

医院主轴空间序列剖透视图

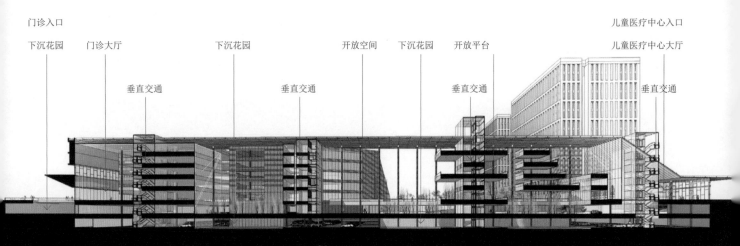

门诊入口 　　　　　　　　　　　　　　　　　　　　　　　　　　　　　　　　儿童医疗中心入口

下沉花园　　门诊大厅　　　　　下沉花园　　　　开放空间　下沉花园　开放平台　　　　　儿童医疗中心大厅

　　　垂直交通　　　　　　垂直交通　　　　　　　垂直交通　　　　　　　　　垂直交通

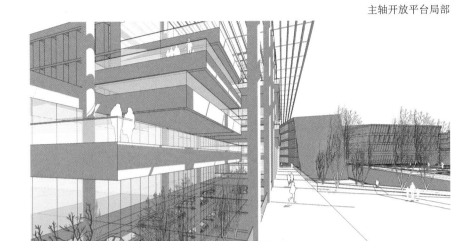

主轴开放平台局部

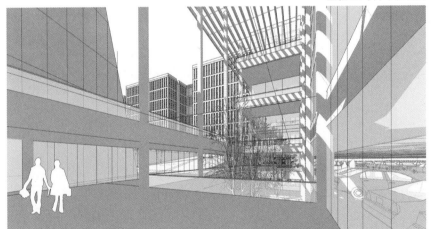

主轴 B1 车库下沉花园

儿童医疗中心等候区及活动区

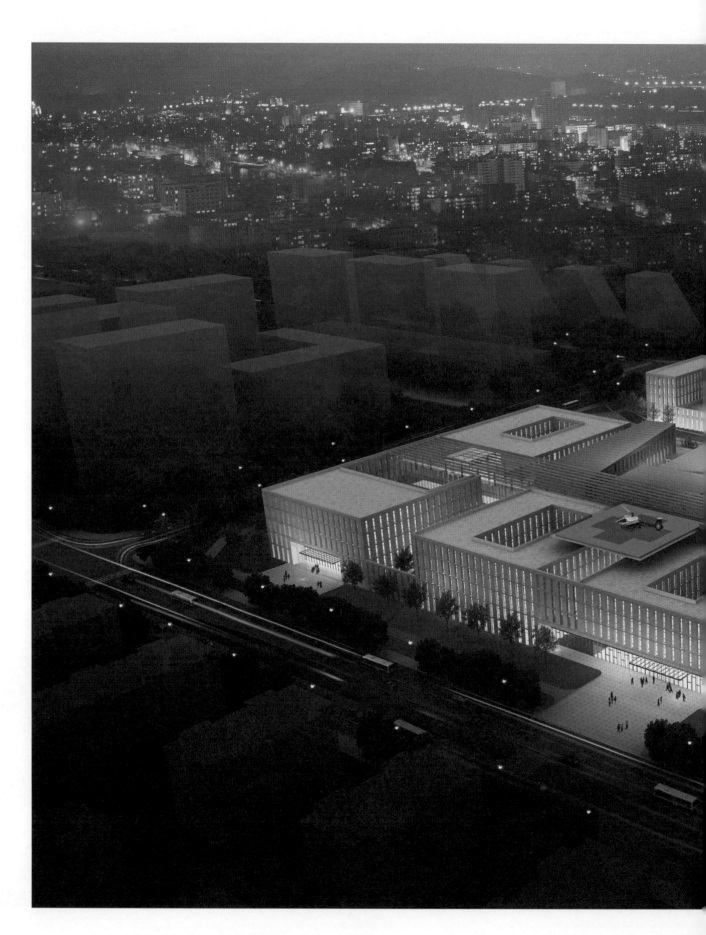

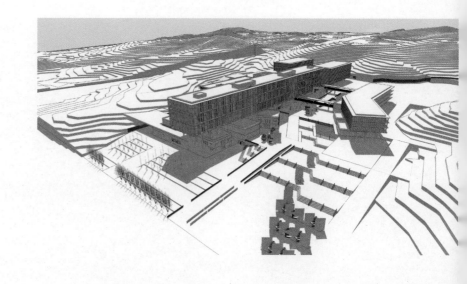

贵州黔西南布依族苗族自治州义龙新区人民医院

贵州，黔西南布依族苗族自治州
2016—2021
项目策划：　　谷　建　陈　昊
修建性详细规划：白　冰　艾丽双
建筑设计：　　陈　昊　谷　建　尚文昊

床位数：　　　1200 张
基地面积：　　81918m$^2$
总建筑面积：　180000m$^2$

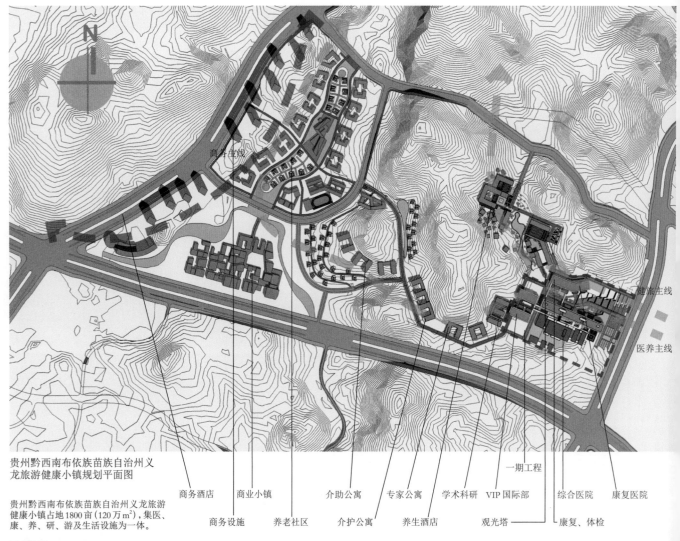

贵州黔西南布依族苗族自治州义
龙旅游健康小镇规划平面图

贵州黔西南布依族苗族自治州义龙旅游
健康小镇占地1800亩（120万 m²），集医、
康、养、研、游及生活设施为一体。

医疗设施：
800床综合医院
200床 VIP 国际部

康复设施：
200床康复疗养中心
高端体检中心
苗药水疗养生中心
康复培训服务中心
养生酒店会所

养老设施（CCRC 模式）：
全龄混合社区
养生养老社区
老龄照护中心

研发设施：
特色苗药研发中心
制药中心
学术交流

特色医疗旅游：
山地康健旅游
苗医文化旅游
养生保健旅游

生活设施：
商业小镇
酒店
生活体验馆
专家公寓

标注（图中引线）：
商务酒店　商业小镇　介助公寓　专家公寓　学术科研　VIP 国际部　综合医院　康复医院　一期工程
商务设施　养老社区　介护公寓　养生酒店　观光塔　康复、体检　医养主线

## 本土的自然与人文环境因素

村寨、梯田、吊脚楼等文化元素、起伏的山势、绵延流转的峰谷等自然环境因素以及就地取材的建筑材料，为方案创作嵌入了本土的基因，我们需要把这种基因植入医疗建筑的功能空间，让建筑在这块土地上自然地生长。

以山体为背景，垂直于等高线的大体量建筑水平展开，在建筑内部消化由地形变化产生的功能不适，配合错落的等高线走向化整为零的小体量单元，叠加、错动、架空、多层次平台花园，当地建筑材料的使用，组合成村寨意象。

# 生长

这是我迄今为止第一个参与选址的医院项目，义龙新区管委会提供了三块大小不同的地块供选择，我放弃了对平整用地的选择，从中挑选出目前这块面积最大，且已开始平整场地的、地形变化最复杂的山地作为医院的建设场地，看中的是绵延起伏的喀斯特地貌山地背景带来的挑战，因为只有这样的环境背景才是属于黔西南布依族苗族自治州（以下简称黔西南）的；另一方面，足够大的用地，使得由医院可拓展出的以医养为主题的旅游健康小镇具有良好的可塑性。因此，功能的策划与规划成为我们本分的工作内容，也成为医院单体设计的前置条件。

建筑师的创作，往往能从地域性和本土性文化中找到灵感。中国地域辽阔，气候、民俗、生活习惯有很大差异，造成建筑风格也各不相同。民居为什么在当地是这个样子，因为融入了当地的生活方式、文化，包括建筑材料，这是建筑生长的基因。建筑需要给当地的人们提供熟悉的东西，在文化认同和建筑认同方面得到响应，而不仅仅关注功能表现和资金投入。

应该说，每一个医院都是独一无二的，那么医院建筑亦应如此，建筑除应表达其管理、医疗特色等内在的不同外，也应表现其外在的内容，即文化上的差异。通过地域性和本土性的表达能最直接地反映出其不同的环境、场地条件、地域气候、地方文化和城市界面等因素，毕竟世界上没有一个相似幅员的地方，堆积了堪比中国的，如此多元的文化和人文、悠久的历史、复杂相异的气候。而这些差异的汇集，必定可以、也应该造就出中国医院建筑的与众不同，我们不应该丢掉自己。

是中国的，就是世界的。

多彩贵州——搭寨、起山、抬屋、造田

黔西南特有的自然与人文环境，使习惯于以平原作为设计舞台的我们印象深刻，当地村寨、梯田、吊脚楼等文化元素、起伏的山势、绵延流转的峰谷等自然环境因素以及就地取材的建筑材料，为方案创作嵌入了本土的基因，我们需要把这种基因植入医疗建筑的功能空间，让建筑在这块土地上自然地生长，小心翼翼地尊重自然是我们面对本土自然与人文环境的态度。

黔西南独特的气候及环境、人文条件，使得其具有山地旅游的独特优势，兴义市已成为国际山地旅游大会（IMTC）的永久会址与举办地；苗药的康复功效支撑了当地的制药产业，这些优势使我们萌发了打造大健康小镇的想法，将医疗、康复健康、养老与山地旅游在这里汇聚、融合。

通过对用地高程、坡度及坡向的分析，确定44%的山地可作为建设用地，这些分散的可建设用地的连线，自然产生了两条路径，整个场地因此也就被分离出旅游健康小镇的两条功能线：医疗养老及健康旅游。路径规划是以医院为核心展开的，顺应了自然的山地环境，功能序列的排布也是依循对医疗功能的关联密切程度铺陈开来的，山势的蜿蜒及叠落产生了村寨的意象，散落的建筑整体掩映在山体和植被之中。由于附着了健康旅游的功能，不利于建设的山地的价值也得到了体现。

从功能内容来看，多元的、多业态的、主题鲜明并有产业附加的、生活化的小镇，才是具有活力和可生长性的。从建筑的规划生态层面看，本土化的、融于自然环境和气候的，才是生于斯、长于斯、并具有生命力的。

作为规划的核心及龙头项目，18万 $m^2$ 庞大体量的医院建筑，无疑对于意图将建筑消纳在自然环境中的构想是一个巨大的挑战，同时，医院的功能需求，也需要一个相对集约的建筑形态。

选择一个相对平缓且坡度均匀的山体成为医院建设选址的第一步，山体被按等高线切割成若干台地，一条顺势而上的主轴形成了堆山的意象，鱼骨状的布局连接了主轴南北两侧的功能科室，搭接且顺应山势布局的建筑单元组合成了山寨的形象。梯台状的等高线自然地为医院的各个楼层划定了范围，并生成了医院不同标高的入口。

台地上建筑单元通过垂直交通在内部将医院的建筑空间连接成一个整体。建筑上部以3个病区的连接，形成了整体水平舒展的形象，将外部看似散落的建筑形体，统一在同一个"屋檐"下。体量演变实现医疗功能布局、建筑与自然以及地域性表达三方面的共生。

内庭院、天井、开放空间、绿植屋顶平台花园和外遮阳，在提高建筑的自然采光通风条件、降低能耗和运营成本的同时，更进一步地将建筑与环境融合，将周围优越的景观资源引入到建筑中，建筑任何空间的视线所及都是绿色的自然环境，建筑与环境的交融也是对疗愈环境的塑造。

生长源于"碰撞"，于是有了医疗功能的便捷需求与场地高差的碰撞、山寨小尺度建筑的地域文化与大尺度建筑空间表达的碰撞、山地自然环境与人工建筑的碰撞。

碰撞产生的矛盾，也给了创作一把钥匙，一把钥匙开一把锁，建筑的功能表征便也随着对碰撞的解锁，在这里得到了生长。

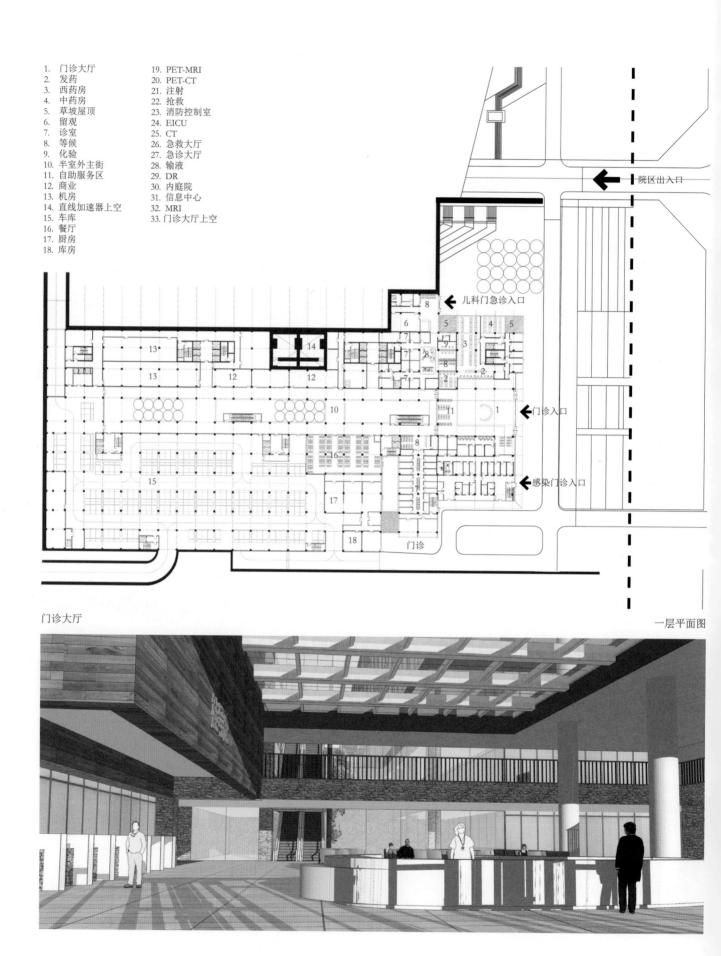

1. 门诊大厅
2. 发药
3. 西药房
4. 中药房
5. 草坡屋顶
6. 留观
7. 诊室
8. 等候
9. 化验
10. 半室外主街
11. 自助服务区
12. 商业
13. 机房
14. 直线加速器上空
15. 车库
16. 餐厅
17. 厨房
18. 库房
19. PET-MRI
20. PET-CT
21. 注射
22. 抢救
23. 消防控制室
24. EICU
25. CT
26. 急救大厅
27. 急诊大厅
28. 输液
29. DR
30. 内庭院
31. 信息中心
32. MRI
33. 门诊大厅上空

院区出入口

儿科门急诊入口

门诊入口

感染门诊入口

门诊

一层平面图

门诊大厅

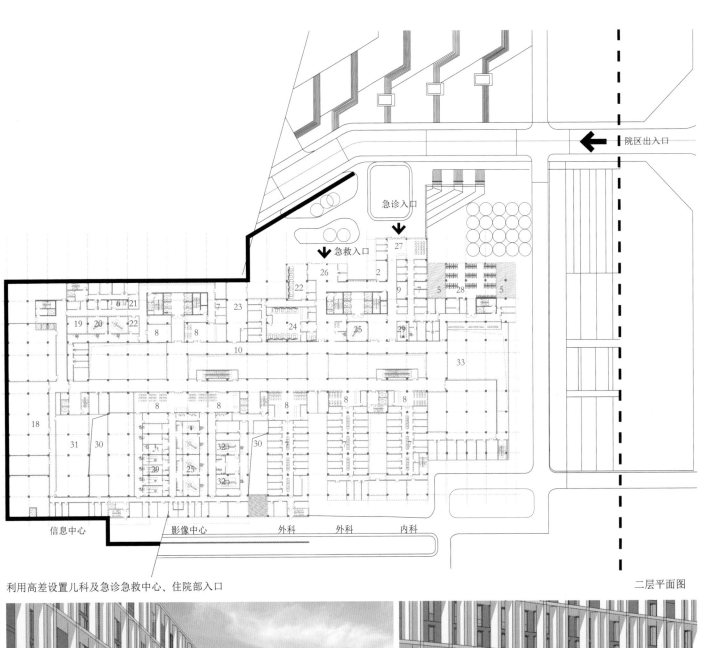

院区出入口

急诊入口

急救入口

22

26    2

27

6  21

19  20  22    8      8      7  23    24    9  7  5  28    5

25    29

8    10    33

18

31  30    8    8    8    8    8

32  30

29  25

32

信息中心        影像中心      外科    外科    内科

利用高差设置儿科及急诊急救中心、住院部入口

二层平面图

儿科门诊

急救中心

住院部

# 设计列表
## CHRONOLOGY OF WORKS

佛山市第一人民医院

广东，佛山　｜　1994—1998
设计公司：　　　中国中元国际工程有限公司
项目总设计师：黄锡璆　谷　建　丁　建　许义富
合作建筑师：　辛春华　施　宏　陈　激　耿　沛
床位数：　　　1000 张
基地面积：　　104360m²
总建筑面积：　146830m²

1999 年第六届机械工业优秀工程设计一等奖
2000 年度建设部部级城乡建设优秀勘察设计二等奖
2000 年国家第九届优秀工程设计铜质奖
2009 年中国建筑学会建筑创作大奖

中宇大厦

北京　　　　　｜　1997—2006
设计公司：　　　中国中元国际工程有限公司 +RGBA
项目总设计师：谷　建
合作建筑师：　许海涛　刘　邈
建筑高度：　　95.52m
基地面积：　　9497m²
总建筑面积：　57271m²

西安交通大学第一附属医院病房楼

陕西，西安　｜　2001—2006
设计公司：　　　中国中元国际工程有限公司 + 陕西省建筑设计研究院
项目总设计师：黄锡璆　谷　建
合作建筑师：　张　奎　徐润超　王　淼　孙明杰
床位数：　　　1000 张
基地面积：　　4647m²
总建筑面积：　73100m²

国家卫计委北京医院老北楼重建工程

北京　　　　　｜　2001—2006
设计公司：　　　中国中元国际工程有限公司
项目总设计师：黄锡璆　谷　建
合作建筑师：　郭春雷　郝晓赛　徐立军
床位数：　　　116 张
基地面积：　　18400m²
总建筑面积：　60200m²
建筑高度：　　42.5m

2007 年北京市第十三届优秀工程设计一等奖
2007 年度中国机械工业科学技术二等奖
2008 年度全国优秀工程勘察设计行业一等奖
2008 年度全国优秀工程设计铜质奖

复旦大学附属肿瘤医院扩建工程

上海　　　｜2003—2007
设计公司：　　中国中元国际工程有限公司
项目总设计师：黄锡璆　辛春华　谷　建
合作建筑师：　李　辉　张丽君　王　翔
床位数：　　　400 张
基地面积：　　35200m²
总建筑面积：　51818m²

2010 年度中国机械工业科学技术三等奖

中关村国际生命医疗园修建性详细规划

北京　　　｜2003—2004
设计公司：　　中国中元国际工程有限公司
项目总设计师：谷　建
合作建筑师：　石启雷　张丽君
床位数：　　　4400 张
基地面积：　　119 万 m²
总建筑面积：　880000m²

中关村国际生命医疗园规划
国际竞赛第一名（实施）

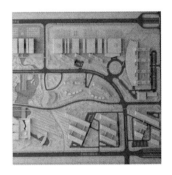

佛山市第一人民医院肿瘤中心

广东，佛山　｜2003—2009
设计公司：　　中国中元国际工程有限公司
项目总设计师：黄锡璆　谷　建
合作建筑师：　曾笑钢　刘　邈　陈雪松
床位数：　　　500 张
基地面积：　　13500m²
总建筑面积：　61300m²

2010 年北京市第十五届优秀工程设计二等奖
2011 年度全国优秀工程勘察设计行业一等奖

解放军总医院 9051 工程

北京　　　｜2005—2008
设计公司：　　中国中元国际工程有限公司
项目总设计师：黄锡璆　谷　建
合作建筑师：　李　辉　陈昆元　梁建岚
床位数：　　　420 张
基地面积：　　99000m²
总建筑面积：　90000m²

2009 年机械工业优秀工程设计一等奖
2009 年度中国机械工业科学技术二等奖
2009 年度全国优秀工程勘察设计行业二等奖

兴化市人民医院

江苏，兴化 | 2008—2013
设计公司： 中国中元国际工程有限公司
项目总设计师： 谷 建
合作建筑师： 潘 迪 赵晓颖 李美樱
床位数： 1200 张
基地面积： 153180m²
总建筑面积： 107725m²

2016 年度机械工业优秀工程勘察设计一等奖
全国优秀工程勘察设计行业奖三等奖

天津港口医院

天津 | 2008—2012
设计公司： 中国中元国际工程有限公司
项目总设计师： 谷 建
合作建筑师： 郭春雷 赵一沣 赵晓颖
床位数 520 张
基地面积： 53200m²
总建筑面积： 56000m²

昆明医科大学第一附属医院呈贡医院

云南，昆明 | 2008—2015
设计公司： 中国中元国际工程有限公司 +GBBN
项目总设计师： 谷 建 黄晓群
合作建筑师： 石启雷 J Hofmann 赵晓颖
床位数： 1034 张
基地面积： 79900m²
总建筑面积： 162026m²
建筑高度： 53.7m

北京垂杨柳医院

北京 | 2009—2019
设计公司： 中国中元国际工程有限公司
项目总设计师： 谷 建 宫建伟
合作建筑师： 何 源
床位数： 800 张
基地面积： 60000m²
总建筑面积： 100000m²

苏州科技城医院

江苏，苏州　|　2010—2016
设计公司：　中国中元国际工程有限公司 +GBBN
项目总设计师：谷　建　陈　兴
合作建筑师：　张海龙　J Zhu　陈　昊　王永良　郑　妍
床位数：　　800 张
基地面积：　　93240m²
总建筑面积：　182062m²

2017 年北京市优秀工程设计一等奖

三亚阜外心血管医院

海南，三亚　|　2011—2017
设计公司：　中国中元国际工程有限公司 +GBBN
项目总设计师：谷　建
合作建筑师：　李　莎　J Hofmann
床位数：　　260 张
基地面积：　　42000m²
总建筑面积：　62000m²

宜兴市人民医院

江苏，宜兴　|　2012—2019
设计公司：　中国中元国际工程有限公司
项目总设计师：谷　建　宫建伟
合作建筑师：　王　蕾　潘　洁　牟维勇　E Woo　穆晓燕
床位数：　　1600 张
基地面积：　　145000m²
总建筑面积：　253000m²

佛山市妇女儿童医院

广东，佛山　|　2014—2019
设计公司：　中国中元国际工程有限公司
项目总设计师：谷　建　宫建伟
合作建筑师：　王　蕾　张丽欣　潘　洁　何　源　牟维勇
床位数：　　1000 张
基地面积：　　60798m²
总建筑面积：　198000m²

青岛市立医院二期工程

山东，青岛 | 2014—2018
设计公司： 中国中元国际工程有限公司
项目总设计师： 谷 建
合作建筑师： 李 莎 陈 昊
床位数： 500 张
基地面积： 13570m²
总建筑面积： 86175m²

北京大学第一医院城南院区

北京 | 2014—2020
设计公司： 中国中元国际工程有限公司
项目总设计师： 谷 建 宫建伟
合作建筑师： 王 蕾 潘 洁 穆晓燕 尚文昊
床位数： 1200 张
基地面积： 106317.76m²
总建筑面积： 216100m²

贵州黔西南布依族苗族自治州义龙新区人民医院

贵州，黔西南布依族苗族自治州 | 2016—2021
设计公司： 中国中元国际工程有限公司
建筑设计： 陈 昊 谷 建 尚文昊
床位数： 1200 张
基地面积： 81918m²
总建筑面积： 180000m²

深圳市新华医院

广东，深圳 | 2017—2022
设计公司： 中国中元国际工程有限公司＋深圳壹创国际设计股份有限公司
项目总设计师： 谷 建
合作建筑师： 何 源 王 青 王 辰 尚文昊 张 楠 李 藤
床位数： 2500 张
基地面积： 60461m²
总建筑面积： 501000m²

# 后记
## Postscript

如同投标方案的成果交付，完稿的心情并没有想象中的轻松，既如释重负，又隐隐感觉并未写完，总感觉遗漏了点什么。想到起码通过几个月完成了一些对设计体会和思考的思绪整理，算是干了一件事，不免释然。

中国的医院建设还在继续发展和改变，自己的职业生涯也未到终点，因此，体会、探索与思考也不会停步。

照例是一堆的感谢，感谢黄锡璆大师对书稿的指正，不仅填补了我一些知识的盲点，更带来了一些启发，深感医院设计是一门永远学不完的功课。感谢我的导师庄惟敏教授和台湾的尹汇文医师，能在百忙中抽空为我作序。感谢刘殿奎、王铁林、张庆林、梁以平、沈崇德、李宝山等几位业界同道的鼓励，朋友们持续的鼓励和支持也一直陪伴着我。

在中国中元的服务，给了我大量的项目实践机会，给了我一个看医院设计的视角，与医疗设计研究院、特别是 IG Studio 那些可爱的伙伴们的设计合作经历，是我无法忘却的美好记忆，他们的智慧火花和激情一直在触发我的设计灵感，他们也为本书做了大量的资料整理工作。感谢楼洪忆、顾立军为本书提供图片。如同本书的开头所说，互联网是我的图书馆，书中的部分图片来自于网络，由于无法联系作者，在此先致谢意并请与我联络。

感谢我的家人，他们一直是我的动力所在，写这本书也是为他们。

谷　建
2017.11

医院建筑是当今具有变化和挑战的建筑类型之一，科技的进步、医学理念的更新、社会及人文都在改变着医院建筑，互联网时代催生着医院设计的迭代更新。

　　本书从工业革命对医院建筑形制、治疗方式及手段的影响和变化出发，提出医院设计已进入了4.0时代以及所面临的革新。新时代的医院设计应以适应现代生活为基点，回归其公共建筑属性，功能复合、城市回归是医院建筑发展的必然趋势。无论从功能组成、模式、交通组织、人文品质等多方面，都需要打破固有的封闭思维，来进行开放性的再学习。

　　本书可供广大建筑师、高等院校建筑学专业师生、医院建设和管理者、城市管理人员学习参考。

**图书在版编目（CIP）数据**

戴着镣铐的舞蹈：医院设计随想 / 谷建　著.—北京：机械工业出版社，2018.2
　　ISBN 978-7-111-59102-3

　　Ⅰ.①戴…　Ⅱ.①谷…　Ⅲ.①医院—建筑设计　Ⅳ.①TU246.1

中国版本图书馆CIP数据核字（2018）第023430号

机械工业出版社（北京市百万庄大街22号　邮政编码100037）
策划编辑：宋晓磊　责任编辑：宋晓磊　邓　川
责任校对：刘时光　封面设计：鞠　杨
责任印制：常天培
北京华联印刷有限公司印刷
2018年2月第1版第1次印刷
210mm×285mm·12.75印张·3插页·320千字
标准书号：ISBN 978-7-111-59102-3
定价：99.00元

凡购本书，如有缺页、倒页、脱页，由本社发行部调换
电话服务　　　　　　　　网络服务
服务咨询热线：010-88361066　机 工 官 网：www.cmpbook.com
读者购书热线：010-68326294　机 工 官 博：weibo.com/cmp1952
　　　　　　　010-88379203　金 书 网：www.golden-book.com
**封面无防伪标均为盗版**　　教育服务网：www.cmpedu.com